新疆特色的轨道交通类专业教学体系研究课题成果

城市轨道交通工程技术专业培养方案及教学标准

主　编　高　峰　段明社

副主编　王　华　李　琦

主　审　徐　平［乌鲁木齐城市轨道集团有限公司］

　　　　李　杰［新疆交通职业技术学院］

人民交通出版社股份有限公司

China Communications Press Co.,Ltd.

内 容 提 要

本书共包括四部分内容:第一部分为专业人才培养方案,第二部分为专业基础课程标准,第三部分为专业核心平台课程标准,第四部分为专业拓展、综合实训平台课程标准。课程标准共23门,涵盖全部专业基础课、专业核心课、专业拓展课和综合实训课。

本书融职业教育教学特点与城市轨道交通工程施工、运营、养护、维修行业特点于一体,可用于指导高等职业院校城市轨道交通工程技术专业人才培养方案的设计与课程开发,并可作为专业教材编写的重要依据。

图书在版编目(CIP)数据

城市轨道交通工程技术专业培养方案及教学标准/高峰,段明社主编. —北京:人民交通出版社股份有限公司,2016.8

新疆特色的轨道交通类专业教学体系研究课题成果

ISBN 978-7-114-13174-5

Ⅰ.①城… Ⅱ.①高… ②段… Ⅲ.①城市铁路—铁路工程—职业教育—教学参考资料 Ⅳ.①U239.5-41

中国版本图书馆CIP数据核字(2016)第152878号

新疆特色的轨道交通类专业教学体系研究课题成果

Chengshi Guidao Jiaotong Gongcheng Jishu Zhuanye Peiyang Fang'an ji Jiaoxue Biaozhun

书　　名: 城市轨道交通工程技术专业培养方案及教学标准
著 作 者: 高　峰　段明社
责任编辑: 司昌静
出版发行: 人民交通出版社股份有限公司
地　　址: (100011)北京市朝阳区安定门外外馆斜街3号
网　　址: http://www.ccpress.com.cn
销售电话: (010)59757973
总 经 销: 人民交通出版社股份有限公司发行部
经　　销: 各地新华书店
印　　刷: 中石油彩色印刷有限责任公司
开　　本: 787×1092　1/16
印　　张: 12.5
字　　数: 299千
版　　次: 2016年8月　第1版
印　　次: 2016年8月　第1次印刷
书　　号: ISBN 978-7-114-13174-5
定　　价: 120.00元

序

2011 年 11 月 26 日，乌鲁木齐地铁正式得到国家发展改革委的批复，乌鲁木齐市步入轨道交通时代，掀开了地铁建设的热潮。为了适应市场需求，新疆交通职业技术学院于 2008 年申报开办电气化铁道技术专业，经过多年努力，形成了集轨道交通工程、机电、信号、运营为一体的技能型人才培养格局，与乌鲁木齐城市轨道集团有限公司签订订单培养 300 多人，在各地铁路部门就业 200 余人，轨道交通人才培养呈现良好的发展态势。

新专业的开办面临的是人才培养方案的修订、师资队伍的培养、实验实训条件的建设等一系列专业建设问题。为解决好这些问题，本人带领轨道交通专业教学团队，向新疆维吾尔自治区交通运输厅申报了《新疆特色的轨道交通类专业教学体系研究》科技重点课题，在自治区交通运输厅的大力支持下，于 2013 年 7 月正式开展相关研究。研究团队先后前往北京地铁、南京地铁、广州地铁等企业进行调研，在广东交通职业技术学院、北京交通运输职业学院、南京铁道职业技术学院等兄弟院校进行了人才培养方案论证和师资培养交流，进而形成了专业人才培养方案和课程标准，以期指导专业建设，同时形成了《轨道交通信号系统维护》等部分特色教材，用于相关专业的教学。现将相关成果进行集中出版，以期能够在更广的范围内获得应用，更是启发后续相关专业建设的关键。

课题研究得到了乌鲁木齐城市轨道集团有限公司的大力支持以及相关企业和兄弟院校的帮助，在此表示诚挚感谢。南京铁道职业技术学院林瑜筠教授，北京交通大学毛宝华教授，广东交通职业技术学院王劲松教授、吴晶教授、黎新华教授，乌鲁木齐城市轨道集团有限公司的徐平、邓超等专家给予了指导和支持，人民交通出版社股份有限公司相关编辑、课题团队成员为系列成果出版做了大量工作，在此一并致谢。

二〇一六年五月

前　言

城市轨道交通工程技术专业是我院顺应乌鲁木齐地铁、轻轨等城市轨道交通建设发展对人才的需求于2012年开办的。几年来，专业建设团队不断深入地铁施工生产一线和兄弟院校，开展人才需求调研，在调研和人才需求分析的基础上，通过与生产一线专家共同分析论证，对城市轨道交通工程技术专业所涵盖的岗位（群）进行了职业能力和工作任务分析，通过典型工作任务分析→行动领域归纳→学习领域转换等步骤和方法，形成了基于工作过程的专业课程体系。在课程体系优化的基础上，形成了城市轨道交通工程技术专业人才培养方案与课程标准，并编辑成本书出版。

本书由新疆交通职业技术学院轨道工程教研室组织编写。全书共包括四部分内容：第一部分为专业人才培养方案，第二部分为专业基础课程标准，第三部分为专业核心平台课程标准，第四部分为专业拓展、综合实训平台课程标准。课程标准共23门，涵盖全部专业基础课、专业核心课、专业拓展课和综合实训课。专业人才培养方案由高峰、李杰执笔。其中，城市轨道交通概论课程标准由李琦、高峰执笔；岩土工程基础课程标准由冯哲、如黑艳执笔；城市轨道交通桥梁施工技术课程标准由虎东霞、宿春燕执笔；城市轨道交通轨道施工技术课程标准由李琦、高峰执笔；城市轨道交通轨道养护与管理课程标准由高峰、李琦执笔；城市轨道交通工程施工风险控制技术课程标准由孙洋、张艳云执笔；施工组织与概预算课程标准由高峰、阿瓦江执笔；轨道工程测量课程标准由高峰、曹永鹏执笔；轨道交通运营与管理由如黑艳、高峰执笔；城市轨道工程勘测技术由高峰、曹永鹏执笔。参与课程标准编制的还有张玲、王华、刘海平、赵健等。本书编写过程中得到了乌鲁木齐城市轨道集团有限公司高级工程师李红岩等生产一线技术专家的指导和帮助。

本书融职业教育教学特色与城市轨道交通工程施工、运营、养护、维修等行业特色于一体，可用于指导高等职业院校城市轨道交通工程技术专业人才培养方案的设计与课程开发，并可作为专业教材编写的重要依据。

由于编者水平有限，书中难免有不足之处，敬请读者批评指正。

作　者

二〇一六年五月

目　　录

第一部分　专业人才培养方案

第二部分　专业基础课程标准

第三部分　专业核心平台课程标准

第四部分　专业拓展、综合实训平台课程标准

第一部分

专业人才培养方案

专业人才培养方案说明

我国已有20多个城市在规划、筹建地铁和轻轨。新疆地处中国的最西部，是向西开放的门户，乌鲁木齐城市发展规模决定了迫切需要建设轨道交通，道路和气候也决定了乌鲁木齐需要轨道交通这种大运量、快速准时、运行在地下或高架上，不占用道路空间，不受冰雪等气候条件影响，独立运行、集约、高效的公共交通方式。

为解决城市扩展、经济交流、人员流动、安全可靠和城市污染等问题，2002年乌鲁木齐市就着手轨道交通建设前期筹备工作，2003年11月成立了新疆乌鲁木齐市轻型轨道筹建协调领导小组。2005年11月成立了前期工作小组。2006年7月，轨道交通前期领导小组邀请广州、上海、北京等地国内顶级的轨道交通专家对新疆乌鲁木齐市和乌昌地区的轨道交通工作做了考察和指导，通过严谨的招标程序筛选，确定了轨道交通编制候选单位。2007年2月2日，乌鲁木齐轨道交通建设领导小组召开第一次工作会议，宣布成立乌鲁木齐轨道交通建设领导小组，并安排了规划编制工作，当年10月，对线网规划报告进行专家咨询。2010年6月开始修订轨道交通项目一系列的规划。以此为契机，新疆的城市轨道交通将迎来快速大发展时期。2014年3月，新疆第一条地铁正式开工修建，城市轨道交通工程专业人才需求量明显增加。2015年我专业第一批学生进入乌鲁木齐地铁施工中顶岗实习。

经调研，新疆从事城市轨道行业的人数不到万人，在生产一线的技术人员仅有千人，许多技术岗位的从业人员没有受过专门教育、仅仅经过短期岗位培训，这一现象是制约城市轨道交通发展的瓶颈。此外，城市轨道交通是公共设施，其质量好坏直接关系着人民生命财产的安全，因工程低劣造成的人员伤亡、财产损失事故影响极坏，甚至影响社会安定。为了改变这种现状，迫切需要加快轨道交通教育事业的发展，以满足生产一线对专业人才的需要。我院第一届城市轨道交通工程技术专业毕业生于2015年6月正式成为轨道类工程建设中的一员，在一定程度上缓解了地铁1号线对专业人员的需求。随着地铁2号线等线路的陆续开工，人才紧缺的现象将更加明显。

根据新疆城市轨道行业的发展及人才市场需求，结合我院实际及示范院校建设要求，制订了本人才培养方案，并于2012年9月进行了第一次招生。经过专家论证并结合教学过程中出现的问题，我们在专业建设过程中，不断调整完善专业人才培养方案以更好地满足专业人才需求。2013年7~8月在广东交通职业技术学院再次进行了专业论证，根据专家意见对专业再次进行了调整，更好地适应了专业的发展和人才的需要。2015年5月乌鲁木齐城市轨道交通办和中铁一局等专家对本专业进行论证，并提出了建设性的意见。在此基础上，对2014级人才培养方案进行了修订。本专业采用“德学同步、技能递进、工学结合”的人才培养模式，课程体系构建、课程内容改革以“项目+工作过程”为导向，嵌入职业资格认证，体现行业区域特色。

专业人才培养方案

一、专业名称

专业名称:城市轨道交通工程技术
专业代码: 520303

二、教育类型及学历层次

教育类型:高等职业教育
学历层次:大专

三、招生对象、学制与毕业要求

(一)招生对象

高中毕业生。

(二)标准学制

全日制三年。

(三)毕业要求

1. 课程考试(核)要求

在规定年限内修完规定的必修课程,考试(核)成绩合格。

2. 计算机能力要求

获得全国高等学校非计算机专业学生计算机联合考试(简称高校等考 CCT)证书或全国计算机等级考试(简称 NCRE)证书。

3. 外(汉)语能力要求

获得高等学校英语应用能力考试(简称 PRETCO) B 级证书。

4. 学生服务面向(表 1-1)

城市轨道交通工程技术专业学生服务面向 表 1-1

序号	专业化方向	就业岗位	职业资格(名称、等级、颁证单位)
1	工程测量	测量员	测量工,中级,新疆维吾尔自治区人力资源和社会保障厅
2	工程试验检测	试验员	试验工,中级,新疆维吾尔自治区人力资源和社会保障厅
3	地铁工程施工技术与管理	施工员	施工员,新疆维吾尔自治区人力资源和社会保障厅
4	工程预算与招投标	预算员	预算员,新疆维吾尔自治区人力资源和社会保障厅

注:测量工必须取得,其他可选择考取。

四、职业目标

(一)职业面向

本专业毕业生拟定的职业目标为:德、智、体、美等方面全面发展,能适应全国城市轨道交通工程发展及铁道施工企业施工现场管理需要，毕业后能够从事城市轨道交通工程的施工、养护、设计、监理等方面的工作。

（二）职业岗位群（图1-1）

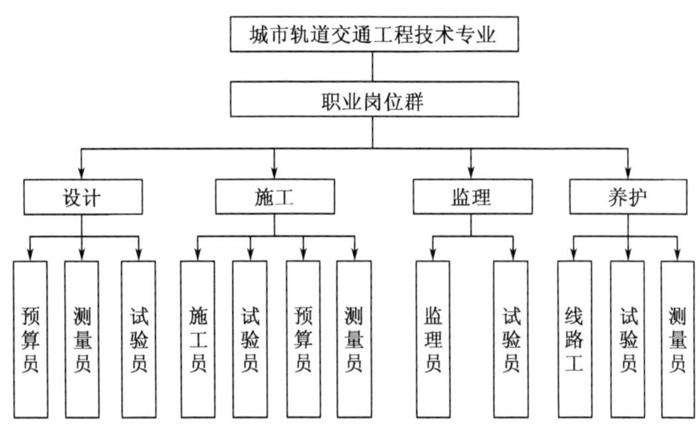

图1-1 城市轨道交通工程技术专业职业岗位群

五、职业能力

（一）岗位描述

本专业毕业生主要面向城市轨道交通部门基层单位，在生产一线从事城市轨道交通工程的施工与管理、测量放样、试验检测、养护维修、监理、勘测设计等技术工作（表1-2）。

专业面向的岗位及职业岗位能力 表1-2

岗位名称	岗 位 描 述	素质与能力要求
施工员	在施工现场具体解决施工组织设计和现场的关系；现场监督、测量，编写施工日志，上报施工进度、质量，处理现场问题；是工程指挥部和施工队的联络人	1. 具有敬业爱岗、团结协作精神 2. 能够熟练读懂城轨工程施工图纸，编制施工现场的进度计划，编制相应材料、周转材料、劳动力、机械设备使用计划，并报核准后实施 3. 做好对作业班组的技术、质量、安全交底工作，并经常性的检验与督促 4. 合理调配生产要素，严密组织施工，确保工程进度和质量 5. 有能力处理施工现场出现的紧急情况 6. 认真做好施工日记的记录工作，及时收集和整理本工程的技术资料和竣工验收资料 7. 参加工程竣工交验，负责工程完好保护 8. 能够总结工程施工过程中的经验与教训，在以后的工程中做到推广
测量员	施工的各个阶段和各主要部位放线、验线工作；审查测量放线方案、指导检查测量放线工作；及时整理完善基线复核、测量记录等测量资料	1. 具有敬业爱岗、团结协作精神 2. 建立测量仪器台账，加强仪器保养、使用、自检工作，防止仪器损坏，定期对所使用的仪器进行自检，妥善保管自检记录 3. 负责城轨工程开工前的交接桩复测，保证测量成果的正确性，并对分包单位的测量结果进行复核验收 4. 施工期间的控制网布设、施工放样等工作，保证城轨工程项目正常施工 5. 进行城轨工程施工沿线的变形监测，绘制变形曲线图 6. 进行贯通测量、竣工测量、事故分析、土石方量计算等工作 7. 具有快速掌握新型测量仪器在实际工程中应用操作的能力

续上表

岗位名称	岗 位 描 述	素质与能力要求
质检员（试验员）	施工准备阶段、施工阶段、竣工阶段的工程质量检查工作，并随时完成，对检查质量承担责任，对工程质量漏检负责；通过检测判断施工质量和存在的问题，提出改进措施	1. 具有敬业爱岗、团结协作精神 2. 根据现行的有关规定和制度，按时完成质量检查与把关工作，及时完成原始报表的整理、验收工作 3. 对于违反或不符合质量和设计要求的施工，有权提出制止，并立即上报技术负责人处理 4. 参与各种材料和竣工的检查、验收工作，并对质量评定提出切合实际的意见 5. 对进场材料质量负责，做好跟踪服务工作；掌握材料的使用情况，对现场材料损耗情况及时统计上报 6. 建立材料分析档案（价格、货源），并保证零库存，对积压材料合理应用
养护员	定期做好路基、轨道的巡查、检修工作，编制检修计划	1. 具有敬业爱岗、团结协作精神 2. 定期做好路基、轨道的巡查、检修工作，编制检修计划，确保轨道的安全及正常运营 3. 能熟练地操作各养护设备，熟练地进行养护及维修工作 4. 能够应对与解决现场突发事故

（二）典型工作任务及其工作过程（表 1-3）

城市轨道交通工程技术专业职业岗位分析 表 1-3

序号	典型工作任务	工 作 任 务
1	施工	在地铁工程施工现场履行专业施工指令，完成施工任务，负责组织对所承担的工程项目的技术交底、质量检查，进行分项、分部工程检查和评定。深入现场解决问题，及时处理施工中的质量问题和其他问题，配合施工部门编制施工材料计划，确保施工现场的材料供应
2	测量	负责完成地铁工程控制测量、施工放样、竣工测量等测量工作
3	质检、试验检测	负责地铁土工试验、原材料检验、混合料配合比设计和质量检测试验、结构工程质量检测等工作，为施工质量控制提供科学依据
4	养护	定期做好路基、轨道的巡查、检修工作，编制检修计划

（三）能力与素质总体要求

本专业培养德、智、体、美等方面全面发展，掌握城市轨道交通基础工程的理论知识和专业技能，能从事城市轨道交通工程的设计、施工、监理及养护的高级技术应用型专门人才（表 1-4）。

城市轨道交通工程专业人才培养质量标准 表 1-4

综合素质	思想政治素质	热爱社会主义祖国，拥护中国共产党领导，拥护国家的各项方针政策，有正确的人生观、价值观、道德观和法制观
	职业素质	具有良好的职业道德和较高的职业情商；具有市场经济意识，遵循市场经济规律；具有从事城市轨道交通工程所必需的基本能力以及管理和创新素质；具有必备的社会科学知识、法律知识
	人文素养与科学素质	具有较为宽阔的视野，具有一定的科学思维和科学精神，具有健康、高雅的审美情趣和正确的审美观点、较强的审美能力，个性鲜明、学有所长
	身心素质	具有较强的身体素质和抵抗挫折的心理素质；掌握一定的运动技能，达到国家规定的体育锻炼标准；具有健全的人格品质和健康的心理素质

续上表

职业能力	个人与团队管理能力	能有效地对自己实施管理,具有个人目标管理、职业生涯管理、时间管理、情绪管理等方面的能力;能顺利地融入一个集体或团队,有较强的学习能力、团队精神以及有效处理人际关系的能力,尊重自己、尊重他人,能与团队成员一起高效地完成工作任务
	专业技能	铁路、轨道、桥梁、城市轨道交通隧道及地下工程施工技术及养护的理论知识,具有应用规范对轨道、桥梁、隧道进行施工、检测、监理、养护的能力
职业拓展能力	经营管理能力	具有进一步学习和发展的知识基础,具有编制概预算的能力和轨道运营管理能力

六、专业培养目标

本专业培养适应现代化交通建设需要,德、智、体、美全面发展,具备工程施工全过程管理基础理论知识和专门知识,具备工程识图、制图、测量放线和施工现场全过程组织和管理等方面的能力,取得全国通用的与本专业岗位相适应的岗位资格证书工,培养与该专业相适应的施工员、试验员(质检员)、造价员(预算员)、养护员等工程建设一线的高层次技术型、应用型人才。毕业生主要面向土建、城市轨道交通、市政工程等生产管理和服务第一线,从事施工、施工组织和施工管理等技术工作。

七、课程体系设计

本专业主要采用“德学同步、技能递进、工学结合”的人才培养模式,见图1-2。

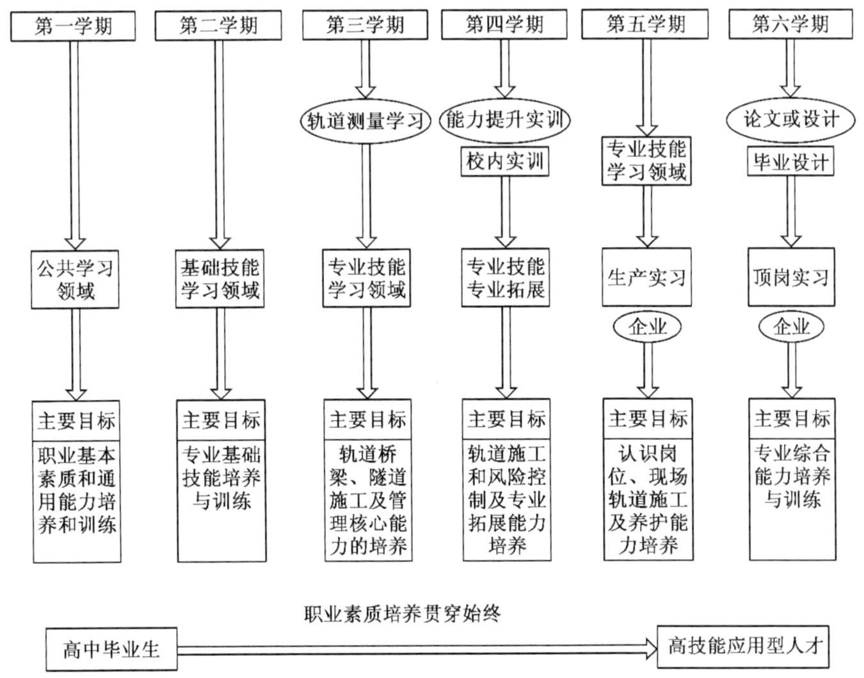

图1-2 “德学同步、技能递进、工学结合”人才培养模式

（一）课程体系构建思路

通过“基于工作过程导向”与“项目导向”的课程建设思路，构建“项目＋工作过程”的城市轨道交通工程技术专业课程体系。在课程体系构建中，通过岗位能力分析，以典型项目为载体，按照不同的技能培养目标将课程模板化，构建城市轨道交通工程技术专业的“做中学”课程体系，包括基础课、专业技能课和培训课3个课程系统。以城市轨道交通工程施工项目为主导，学习知识、技能训练和工作经历相结合，系统整合个人能力、团队协作能力和城市轨道交通工程施工生产能力，使学生能在复杂并且不断变化的职场环境中更好地生存和发展。

1. 基础课

围绕把学生培养成既能适应职业岗位要求的合格人才，又能适应社会发展的合格人才的目标，建立基础课程系统。

基础课由人文素质课、思想政治课、职业基础课、专业基础课组成。其中，人文素质课和思想政治课是培养学生成为高素质的社会人才，职业基础课和专业基础课是培养学生成为高技能的职业人才。

2. 专业技能课

以培养学生的职业能力为主导，以城市轨道交通工程项目为载体组织课程，设计了工程基本技能、路基与轨道施工、城市轨道桥梁与隧道、城市轨道施工技术养护4个板块。通过项目教学，将板块内相关课程关联起来，培养学生的职业技能。

3. 培训课

培训课是适应城市轨道交通工程的迅速发展和新工艺、新技术不断涌现，作为学生上岗前的准备课程。通过该类课程学习，使学生初步掌握企业生产中的新知识、新技术，了解城市轨道交通工程施工所接触的城市轨道交通供电系统、通信信号系统等相关知识，顺利完成生产实习和顶岗实习任务，实现从学校到企业的过渡。

（二）专业核心能力培养体系设计

专业核心能力是学生工作和生活中除专业岗位能力之外取得成功所必需的基本能力，它可以使人自信和成功地展示自己。根据城市轨道交通工程职业岗位能力分析结果，以城市轨道交通工程施工项目为主导，以学习知识、技能训练和工作经历相结合为原则，确立了5个职业核心能力，确定了5门相应的核心课程，设计了5个核心技能的实训，见表1-5。

专业核心能力培养体系 表1-5

5个职业核心能力	5门核心课程	5个核心技能训练
1. 隧道及地下工程施工技术能力 2. 桥梁施工能力 3. 铁路路基施工能力 4. 轨道施工能力 5. 轨道养护与维修能力	1. 城市轨道交通桥梁施工技术 2. 城市轨道交通隧道及地下工程施工技术 3. 城市轨道交通轨道施工技术 4. 城市轨道交通工程施工风险控制技术 5. 城市轨道交通轨道养护与管理	1. 施工风险控制实训 2. 隧道及地下工程实训 3. 桥梁施工技术与检测实训 4. 轨道施工实训 5. 轨道养护与维修实训

(三)课程体系模块(图 1-3)

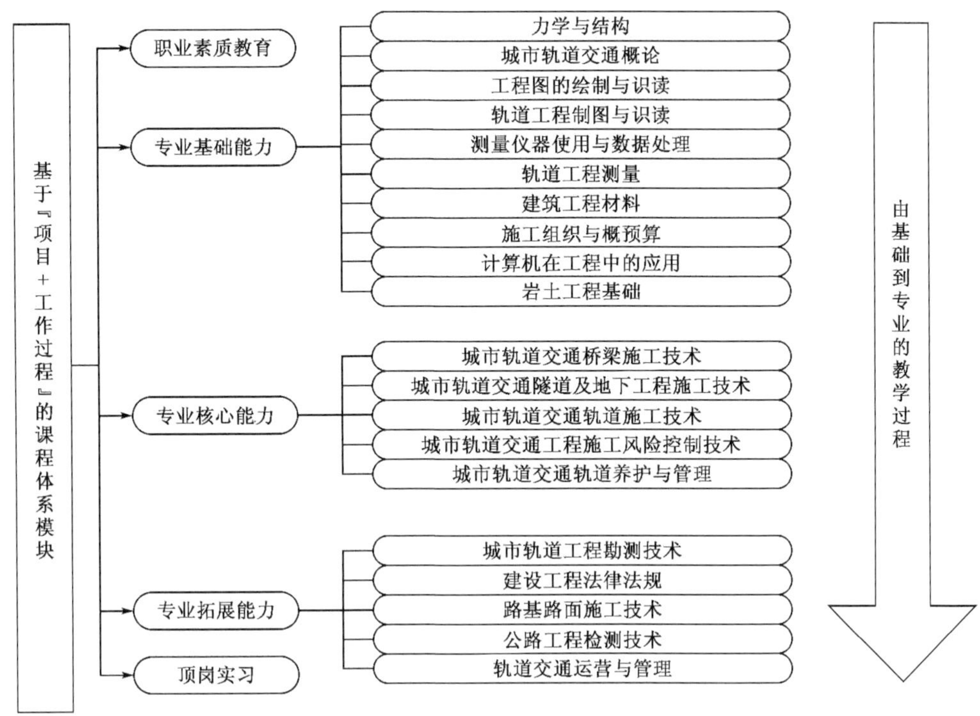

图 1-3　城市轨道交通工程技术专业课程体系构建

为确保课程体系的开展实施,需要设计合理的课程实施的载体——教学项目,以学生为主体、教师为引导,开展“做中学”的项目教学,以培养学生的职业能力。本教学设计分为三级,具体如下。

1. 一级项目

一级项目为综合项目,可组合本专业主要核心课程和能力要求的项目。学生通过一级项目学会通过探究方式获取知识,实现专业所有知识、技能的统合。本专业设计了工程认识学习、某城市轨道交通工程施工组织设计、生产实习和顶岗实习 3 个一级项目。

2. 二级项目

二级项目为相关联课程项目,可组合某一课程板块所有课程,学生通过二级项目能把相关联的课程知识和技能有机地结合起来。本专业设计了社会调查、社会实践、创新设计、结构设计比赛、某地铁施工放样、某桥梁施工组织设计、某路基施工方案设计、某地铁施工组织设计 8 个二级项目。

3. 三级项目

三级项目为单门课程项目,是增强该门课程能力与理解而设的课程。该项目的设立与否及数量由各门课程标准根据需要确定。

所有的项目均为团队合作项目,学生在项目实施的过程中学习探索、学会综合知识应用,培养学生的团队精神、自学能力、自我管理能力、吃苦耐劳精神,提高其职业能力。

八、教学进程安排

(一)教学进程及时间分配(表1-6)

2015级城市轨道交通工程技术专业教学进程表(汉语言高职) 表1-6

序号	课程类别		课程名称	考核方式	学时数 合计	理论	实践	各学期周学时分配 第一学年 1 2周	1 16周	2 18周	第二学年 3 18周	4 10周	4 8周	第三学年 5 10周	5 8周	6 4周	6 14周
1		公共基础课	思想道德修养与法律基础	考查	54	48	6	军训15天	3				能力提升：(隧道及地下工程实训、线桥隧检测、轨道病害调查与分析、施工资料编制、施工风险控制)	生产实习10周		毕业设计、毕业答辩4周	顶岗实习14周
2			马克思主义哲学原理概论	考查	36	36	0			2							
3			新疆历史与民族宗教政策理论教程	考查	54	54	0				3						
4			毛泽东思想与中国特色社会主义理论体系概论	考查	54	40	14					4					
5			形势与政策	考查	64	1~4学期设置											
6			体育	考查	140	8	132		2	2	2	2			2		
7			计算机应用基础	考试	64	6	58		4								
8			高职英语	考试	64	64	0		4								
9			应用数学	考查	64	64	0		4								
10			军事课	考查	按文件规定执行												
11			入学、安全教育	考查													
		小计			594	384	210										
12		专业基础课	力学与结构	考查	72	64	8			4							
13			城市轨道交通概论	考查	64	58	6		4								
14			工程图绘制与识读	考查	64	34	30		4								
15			测量仪器使用与数据处理	考查	72	54	18			4							
16			轨道工程测量	考查	72	54	18				4						
17			建筑工程材料	考查	72	42	30			4							
18			施工组织与概预算	考查	32	16	16								4		
19			计算机在工程中的应用	考查	32	24	8								4		
20	1		岩土工程基础	考查	72	36	36			4							
		小计			552	382	170										
21		专业核心课	城市轨道交通桥梁施工技术	考试	72	50	22				4						
22			城市轨道交通隧道及地下工程施工技术	考试	72	40	32				4						
23			城市轨道交通轨道施工技术	考试	60	30	30					6					
24			城市轨道交通工程施工风险控制技术	考试	60	32	28					6					
25			城市轨道交通轨道养护与管理	考试	64	26	38								8		
		小计			328	178	150										
26		专业拓展课	城市轨道工程勘测技术	考查	40	32	8					4					
27			建设工程法律法规	考查	36	34	2				2						
28			路基路面施工技术	考查	72	60	12				4						
29			公路工程检测技术	考查	20	8	12					2					
30			轨道交通运营与管理	考查	32	22	10								4		
		小计			200	156	44										
31		综合实践课	测量综合实训取证	考试	此两项课时均已计入相应课程中												
32			试验检测集中实训	考试													
33			能力提升实训	考试	208	0	208										
34			生产实习	考试	260	0	260										
35			毕业设计及毕业答辩	考试	104	0	104										
36			顶岗实习	考试	364	0	364										
		小计			936	0	936										
37	选修课		就业指导与创业教育(必选)	考查	36	20	16										
38			心理健康教育(必选)	考查	36	20	16										
39			德育活动课(必选)	考查	每周三开设												
40			中国城市轨道交通新技术	考查	根据具体课程以讲座活动等形式开展												
41			城市轨道交通线路规划与设计	考查													
42			城市轨道交通应急处理	考查													
43			工程监理	考查													
		小计			100	100	0										
		总学时及周学时			2710	1200	1510		25	20	23	24			22		

注:思想道德修养与法律基础、毛泽东思想与中国特色社会主义理论体系概论、形势与政策、就业指导与创业教育、心理健康教育、高职英语、应用数学课程总课时不足,由学院统一集中安排课余时间补齐课时。

(二)综合实验实训实习设置及学时安排

1. 职业技能训练体系的目的和要求

实践教学是以训练学生的综合职业能力为主要任务的教学过程,包括实验、实习、基本技能训练、大型作业及课程设计、毕业设计、生产实习、顶岗实习等,通过实践教学,使学生增强职业技能和就业能力。

2. 分阶段职业技能训练体系安排

(1)入学教育(第一学期,1 周)

着重对学生进行立志为社会主义现代化建设服务的教育,通过专业教育和校风、学风、校纪教育,激发学生强烈的责任感和求知欲,明确学习目的,端正学习态度,树立为建设社会主义祖国而发奋学习的观念。

(2)军事课(第一学期,1 周)

新生入学后应进行基本的军事训练,对学生进行队列操练和国防教育,培养学生良好的组织纪律性和集体主义精神,为学院半军事化管理打好基础。

(3)测量集中实训(第三学期,4 周)

此项实习可在学院的实习基地完成,可利用现有场地,完善基地建设。本阶段实习的主要目的是通过城市轨道交通施工放样、桥梁施工放样让学生全面掌握工程施工放样的基本原理和方法,同时也检验学生对测量设备的应用能力与图纸的识读能力。

(4)生产实习(第四学期,10 周;第五学期,10 周)

为了更好地使教学和生产相结合,理论紧密联系实际,加深学生对专业理论知识的理解和实践技能的培养,自第二学年暑假起至 11 月 15 日止,共安排 20 周专业综合毕业实习,学生分散到各地工程公司、试验室、养护管理中心等基层单位进行生产实习。在实习过程中,逐步将课本知识运用到工程中,提高自己的实践动手能力和技术水平。条件允许时,进行适当的工作轮换或现场参观。

(5)毕业设计及论文答辩(第六学期,1 周)

学生在校完成毕业设计,通过毕业设计过程中各科知识的应用,提高学生对知识的理解和掌握,通过答辩了解自身的不足,为企业顶岗实习做好充分准备。

(6)顶岗实习(第六学期,17 周)

学生分散到各地工程公司、试验室、养护管理中心等基层单位进行顶岗实习。实习期间,要求学生以见习技术员的身份,深入生产一线,在施工现场各班组顶班实习,承担一定的实际专业技术工作。实习过程中,了解工作环境及常规工作要求,运用所学的知识,解决工程实际问题,检验并提高自己的实践动手能力和技术水平。同时,学习实际生产中应用的新技术、新设备、新材料、新方法和新工艺等,培养学生综合择业能力和工作能力,加深对职业岗位的认识。

(三)教学课程设计及学时比例(表 1-7)

教学课程设计及学时比例　　表 1-7

课程性质	学时	理论	实验实训	比例(%)
公共基础课程	594	384	210	21.9
专业基础课程	552	382	170	20.4
专业核心课程	328	178	150	12.1

续上表

课程性质	学　　时	理　　论	实验实训	比例(%)
专业拓展课程	200	156	44	7.4
实训课	936	0	936	34.5
选修课	100	100	0	3.7
合计	2710	1200	1510	100.0
理论教学学时与实践教学学时的比例			1:1.26	

(四)全学程时间安排(表1-8)

全学程时间安排(周)　　表1-8

学期＼项目	入学教育及军训	公益劳动	课程设计	顶岗实习	实习及实训	理论教学	总　　计
一	2					16	18
二		1	1		1	15	18
三		1			3	14	18
四			1		10	7	18
五			1		9	8	18
六			4	14			18
总计	2	2	7	14	23	60	108

九、专业核心课程说明

(一)城市轨道交通桥梁施工技术(表1-9)

城市轨道交通桥梁施工技术是城市轨道交通工程专业的职业能力核心课程,是城市轨道交通工程技术专业学生不可缺少的一项专业能力,通过本课程的学习,为后继课程提供必要的施工管理能力,培养学生桥梁控制施工实践技能,培养学生作为工程施工员的基本实践技能。

城市轨道交通桥梁施工技术课程说明　　表1-9

<table>
<tr><td>课程名称</td><td>城市轨道交通桥梁施工技术</td><td>建议课时</td><td>72</td><td>开课时间</td><td>第三学期</td></tr>
<tr><td>先学课程</td><td>建筑工程材料、工程图绘制与识读</td><td colspan="2">后续课程</td><td colspan="2">城市轨道交通轨道施工技术</td></tr>
<tr><td colspan="6">1.课程目标
通过本课程的学习,使学生具备桥梁施工技术施工、检测加固处理等专业职业能力与技术能力;通过任务引领型的项目活动,掌握桥梁施工技术施工、检测加固处理等的技能和相关理论知识,对桥梁施工工艺流程有一个基本了解,能够承担桥梁施工的准备工作、桥梁施工过程中的施工工艺及桥梁施工技术检测加固处理等工作任务;能够成为承担桥梁施工、检测及管理一线生产任务的工程技术人员,并为顶岗能力的持续发展打下良好基础
2.课程内容
(1)桥梁的组成和分类,桥梁各组成部分的概念、术语,桥梁的结构体系和内容,桥梁总体规划原则、基本设计资料和设计程序,桥梁纵、横断面设计和平面布置,桥梁设计的方案比较
(2)公路桥梁上的作用,作用效应组合及其计算
(3)梁式桥的主要类型及其适用条件,板桥的设计与构造,钢筋混凝土和预应力混凝土梁式桥的一般特点,配式简支梁桥的设计与构造,简支梁桥的内力计算方法</td></tr>
</table>

续上表

(4)各种施工方法的特点，桥梁施工的测量，钢筋制作和安装，模板制作和安装，混凝土工作工序，桥梁预应力混凝土张拉施工方法，桥梁上部结构就地浇筑施工方法，桥梁上部结构预制安装施工方法，桥梁上部结构质量检测方法 (5)拱桥的受力特点及其适用范围，拱桥的组成及主要类型，拱桥的设计要点 (6)拱桥各种施工方法，拱桥上部结构质量检测方法 (7)涵洞的分类，洞身和洞口构造，涵洞测设，涵洞的施工方法，涵洞质量检测方法 (8)桥面系类型与构造，桥面系设计的方法，桥面系施工的方法，支座的类型、构造和布置，桥梁附属工程类型与构造，附属工程施工的方法 (9)桥梁上部工程量计算 (10)桥梁上部施工准备工作的内容 (11)桥梁上部工程内业资料、计量资料填写内容 (12)桥梁上部工程质量现场检测与评定基本要求、实测项目、外观鉴定要求 3. 教学评价 (1)改革传统的学生评价手段和方法，采用阶段评价、过程性评价、理论与实践一体化评价模式 (2)关注评价的多元性，结合课堂纪律及提问、学生作业、平时测验、考试情况，综合评价学生成绩 (3)应注重学生在实践中分析问题、解决问题能力的考核，对在学习和应用上有创新的学生应予特别鼓励，全面综合评价学生能力 (4)本课程的总评成绩 = 平时成绩 + 综合训练课程设计成绩 + 期末考试成绩。其中平时成绩占20%，综合训练课程设计成绩占30%，期末考试成绩占50% 4. 教学建议 注重课程资源和现代化教学资源的开发和利用，这些资源有利于创设形象生动的工作情景，激发学生的学习兴趣，促进学生对知识的理解和掌握。同时，建议加强课程资源的开发，建立多媒体课程资源的数据库，努力实现跨学校多媒体资源的共享，以提高课程资源利用效率

(二)城市轨道交通工程施工风险控制技术(表1-10)

城市轨道交通工程施工风险控制技术是城市轨道交通工程技术专业的一门职业能力核心课程，是通过对铁道工程专业职业工作岗位进行调研和分析，借鉴项目教学、基于工作过程等国内外先进的教育理念，把校企合作、工学结合的教育理念深度融合，紧密结合企业真实生产项目，与施工单位共同构建"做中学"课程体系。通过轨道施工技术与路基施工技术课程设计和实习实训，激发学生学习兴趣，培养学生以科学的态度认识客观世界，培养学生团队协作精神，全面提高学生知识能力和综合素质。

城市轨道交通工程施工风险控制技术课程说明 表1-10

课程名称	城市轨道交通工程施工风险控制技术	建议课时	60	开课时间	第四学期
先学课程	工程图绘制与识读	后续课程	城市轨道交通轨道施工技术 城市轨道交通隧道及地下工程施工技术		
1. 课程目标 通过本课程的学习，使学生能够运用轨道交通工程相关法律法规、规范标准、建设风险分析，对施工过程控制、安装监控、施工监测、应急管理等方面对轨道交通工程建设进行风险评估和预防 2. 课程内容 主要包括轨道交通工程相关法律法规、规范标准，施工过程风险评价，城市轨道交通工程监测方案编制及监测报告的撰写，城市轨道交通工程施工风险应急管理					

续上表

3. 教学评价 (1)改革传统的学生评价手段和方法,采用阶段评价、过程性评价、理论与实践一体化评价模式 (2)关注评价的多元性,结合课堂纪律及提问、学生作业、平时测验、考试情况,综合评价学生成绩 (3)应注重学生在实践中分析问题、解决问题能力的考核,对在学习和应用上有创新的学生应予特别鼓励,全面综合评价学生能力 (4)本课程的总评成绩=平时成绩+综合训练课程设计成绩+期末考试成绩。其中:平时成绩占20%,综合训练课程设计成绩占30%,期末考试成绩占50% 4. 教学建议 注重课程资源和现代化教学资源的开发和利用,这些资源有利于创设形象生动的工作情景,激发学生的学习兴趣,促进学生对知识的理解和掌握。同时,建议加强课程资源的开发,建立多媒体课程资源的数据库,努力实现跨学校多媒体资源的共享,以提高课程资源利用效率

(三)城市轨道交通轨道养护与管理(表1-11)

城市轨道交通轨道养护与管理是城市轨道交通工程技术专业的一门职业能力核心课程,直接对应施工管理岗位培养的是施工管理岗位的核心能力——城市轨道交通轨道养护与管理。学习城市轨道交通轨道养护与管理课程的目的是使学生掌握城市轨道交通施工方面的基本知识以及熟悉城市轨道交通轨道养护与管理方法,培养学生解决养护过程中的病害调查和维修的能力,促使学生城市轨道交通轨道养护与管理能力的不断提高。

城市轨道交通轨道养护与管理课程说明 表1-11

课程名称	城市轨道交通轨道养护与管理	建议课时	64	开课时间	第五学期
先学课程	轨道工程测量 公路工程检测技术 工程图绘制与识读 岩土工程基础	后续课程	城市轨道交通轨道施工技术		
1. 课程目标 通过本课程的学习,使学生具备城市轨道交通轨道养护与管理的能力 2. 课程内容 课程主要讲授轨道破坏类型;修复使用材料和方法;轨道维修和养护的步骤和工艺;各种维修方案的综合评估 3. 教学评价 (1)改革传统的学生评价手段和方法,采用阶段评价、过程性评价、理论与实践一体化评价模式 (2)关注评价的多元性,结合课堂纪律及提问、学生作业、平时测验、考试情况,综合评价学生成绩 (3)应注重学生在实践中分析问题、解决问题能力的考核,对在学习和应用上有创新的学生应予特别鼓励,全面综合评价学生能力 (4)本课程的总评成绩=平时成绩+综合训练课程设计成绩+期末考试成绩。其中:平时成绩占20%,综合训练课程设计成绩占30%,期末考试成绩占50% 4. 教学建议 注重课程资源和现代化教学资源的开发和利用,这些资源有利于创设形象生动的工作情景,激发学生的学习兴趣,促进学生对知识的理解和掌握。同时,建议加强课程资源的开发,建立多媒体课程资源的数据库,努力实现跨学校多媒体资源的共享,以提高课程资源利用效率					

(四)城市轨道交通隧道及地下工程施工技术(表 1-12)

城市轨道交通隧道及地下工程施工技术是城市轨道交通工程技术专业的一门职业能力核心课程,其重点目标在于培养学生在以后铁路工程建设中,从事相关铁路城市轨道交通隧道及地下工程施工技术的专项职业能力,使本专业学生具备隧道工程施工、检测等基本技能要求,同时培养学生精益求精、吃苦耐劳、团结协作的职业素质和日后从事铁道工程工作所需的方法能力和社会能力。

城市轨道交通隧道及地下工程施工技术课程说明 表 1-12

<table>
<tr><td>课程名称</td><td>城市轨道交通隧道及地下工程
施工技术</td><td>建议课时</td><td>72</td><td>开课时间</td><td>第三学期</td></tr>
<tr><td>先学课程</td><td>轨道工程测量
工程图绘制与识读</td><td>后续课程</td><td colspan="3">城市轨道交通轨道养护与管理
建设工程法律法规</td></tr>
<tr><td colspan="6">1. 课程目标
通过本课程的学习,使学生具备隧道工程施工、检测等职业能力;通过任务引领型的项目活动,掌握隧道工程施工、检测等技能和相关理论知识,对城市轨道交通隧道及地下工程施工技术工艺流程有一个基本了解,能够承担城市轨道交通隧道及地下工程施工技术的准备工作、城市轨道交通隧道及地下工程施工技术过程中的施工工艺及隧道工程检测加固处理等工作任务;能够成为承担城市轨道交通隧道及地下工程施工技术、检测及管理一线生产任务的工程技术人员,并为顶岗能力的持续发展打下良好基础
2. 课程内容
课程主要讲授隧道洞口施工、隧道明洞施工、钻爆法掘进施工、掘进机法施工、确定初期支护类型及参数、二次衬砌施工、隧道的防排水、隧道监控量测施工
3. 教学评价
(1)改革传统的学生评价手段和方法,采用阶段评价、过程性评价、理论与实践一体化评价模式
(2)关注评价的多元性,结合课堂纪律及提问、学生作业、平时测验、考试情况,综合评价学生成绩
(3)应注重学生在实践中分析问题、解决问题能力的考核,对在学习和应用上有创新的学生应予特别鼓励,全面综合评价学生能力
(4)本课程的总评成绩 = 平时成绩 + 综合训练成绩 + 期末考试成绩。其中:平时成绩占 20%,综合训练成绩占 30%,期末考试成绩占 50%
4. 教学建议
注重课程资源和现代化教学资源的开发和利用,这些资源有利于创设形象生动的工作情景,激发学生的学习兴趣,促进学生对知识的理解和掌握。同时,建议加强课程资源的开发,建立多媒体课程资源的数据库,努力实现跨学校多媒体资源的共享,以提高课程资源利用效率</td></tr>
</table>

(五)城市轨道交通轨道施工技术(表 1-13)

城市轨道交通轨道施工技术是城市轨道交通工程技术专业的一门职业能力核心课程,主要包括钢轨、有砟轨道和无砟轨道的结构形式和组成,道岔、轨道几何形位、轨道结构受力分析、无缝线路、铁路与城市轨道交通的振动与噪声、轨道结构施工等。使学生能掌握轨道构造、曲线轨道、普通单开道岔、无缝线路、轨道的维护及管理等相关知识。

城市轨道交通轨道施工技术课程说明 表 1-13

<table>
<tr><td>课程名称</td><td>城市轨道交通轨道施工技术</td><td>建议课时</td><td>60</td><td>开课时间</td><td>第四学期</td></tr>
<tr><td>先学课程</td><td>城市轨道交通隧道及地下工程施工技术
轨道交通运营与管理
建设工程法律法规</td><td colspan="2">后续课程</td><td colspan="2">—</td></tr>
<tr><td colspan="6">1. 课程目标
通过本课程的学习,使学生掌握轨道施工技术的轨道构造、曲线轨道、普通单开道岔、无缝线路、轨道的维护及管理等相关知识及应用
2. 课程内容
课程主要讲授轨道构造、曲线轨道、普通单开道岔、无缝线路、轨道的维护及管理等相关知识
3. 教学评价
(1)改革传统的学生评价手段和方法,采用阶段评价、过程性评价、理论与实践一体化评价模式
(2)关注评价的多元性,结合课堂纪律及提问、学生作业、平时测验、考试情况,综合评价学生成绩
(3)应注重学生在实践中分析问题、解决问题能力的考核,对在学习和应用上有创新的学生应予特别鼓励,全面综合评价学生能力
(4)本课程的总评成绩 = 平时成绩 + 综合训练课程设计成绩 + 期末考试成绩。其中平时成绩占 20%,综合训练课程设计成绩占 30%,期末考试成绩占 50%
4. 教学建议
注重课程资源和现代化教学资源的开发和利用,这些资源有利于创设形象生动的工作情景,激发学生的学习兴趣,促进学生对知识的理解和掌握。同时,建议加强课程资源的开发,建立多媒体课程资源的数据库,努力实现跨学校多媒体资源的共享,以提高课程资源利用效率</td></tr>
</table>

十、质量监控保障机制

(一)校内教学质量监控

教学质量监控保障体系(图 1-4)的主要任务是对各教学单位的教学管理工作进行监督与评价,推进教学管理水平不断提高;对教师的教学工作进行检查指导,帮助和促进教师不断提高教学水平;对学生的学习状态和效果进行监控,督促学风建设和提高学生学习积极性;对专业建设、课程建设、毕业设计、考务工作等进行专项评估,促进和保障学院人才培养工作水平不断提高。

1. 教学质量监控保障体系建构及其职能

学院有关部门实施一级监控。学院级教学质量监控组织主要由学院教学工作委员会、教学督导工作小组、教务处、学生处组成。在学院教学工作委员会的领导下其他部门协助教学督导室开展具体工作。其主要职责是:对教学实施、教学管理、教学服务等环节进行督查、指导与评估,具体负责教学质量监控保障体系的运行及管理、全院教学及教学管理工作的督查与指导、组织教学质量评价等工作,实施对院部教学质量监控体系的运行情况进行检查指导、反馈相关教学质量信息,提出整改建议。

道路桥梁施工技术学院实施二级监控。教学质量监控组织主要由分院领导、教学督导组、教研室主任、教学秘书、教师、学生信息员及其他相关人员组成,在分院领导的领导下开展具体工作。主要职能是:负责监控本系(部、中心)日常教学及教学管理、教学建设等工作,及时解决教学中存在的问题;准确、及时地向教学职能部门和相关教师反馈各种有关教学信息;对本单位教学及教学管理工作进行自评,对教师的教和学生的学进行全面评价;分析研究发现的问题,提出整改措施与建设措施。

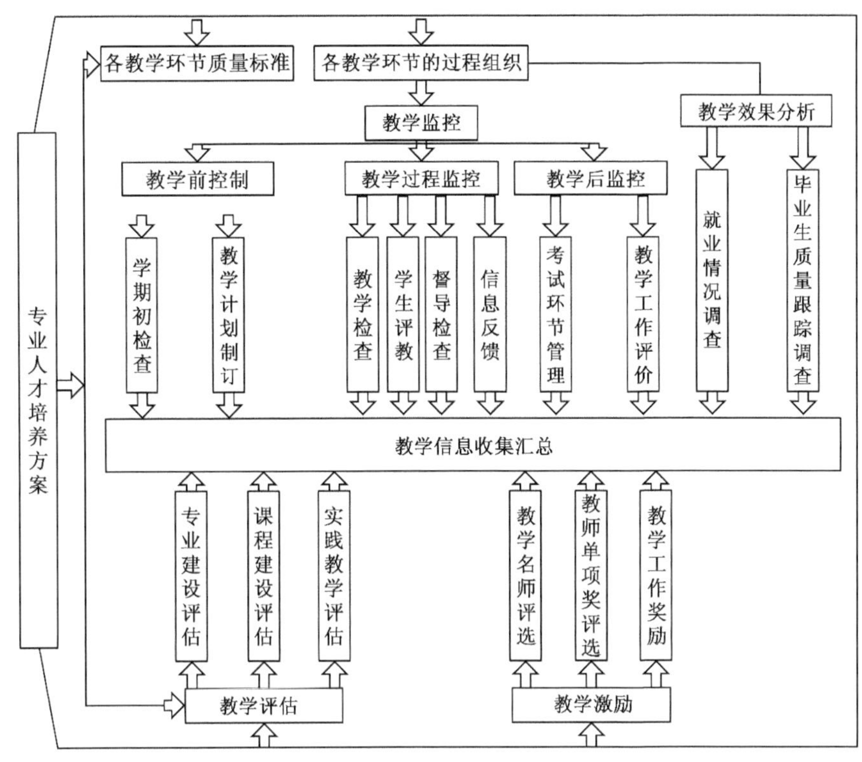

图 1-4　教学质量保障体系

2. 教学质量监控保障体系的运行

学院两级监控组织分别按各自职责要求及有关制度规定,深入教学一线及各基层教学单位督查指导工作,以各种方式进行调查研究,利用各种渠道采集教学质量信息。

两级教学督导人员对发现的问题要做认真分析、提出整改建议,将有关信息反馈给系(部、中心)领导或有关个人,并视情上报学院。各级教学督导人员对发现的重大问题要及时处置,并将有关情况向院领导汇报,院领导应深入调查研究,及时做出处理决定,并将整改意见反馈给有关教学单位,对整改落实情况要进行跟踪检查。

学院各级领导和专兼职教学督导人员要定期、不定期深入课堂听课,了解课堂教学情况,根据《听课制度》开展听查课活动,有效监控和检查教学各环节的运行情况;根据《教学检查工作制度》组织开展期初、期中、期末教学检查及专项教学工作检查,对检查中发现的问题进行分析研究,提出整改意见并督促整改;根据《教师教学质量评价办法》组织开展评教工作,采取学生评价、教研室评价、系(部、中心)教学督导组评价和院领导评价相结合的办法对教师教学质量做出定性及定量评价;期中、期末视情组织开展评学工作,采取任课教师评价、系(部、中心)教学督导组评价和班主任评价相结合的办法对学生学习情况、学风状况做出定性及定量评价。

加强对毕业生的跟踪调查,根据毕业生就业及市场调查的结果,以书面形式向学院领导及教学管理部门提交我院人才培养质量状况及就业市场对毕业生规格、知识能力、素质结构的要求等方面的报告，以进一步改进和完善人才培养方案。

（二）实验实训实习教学管理（图 1-5）

实习实训（实验）教学是实现高素质技能型人才培养目标的关键性教学环节，是培养学生实践动手能力的重要手段。

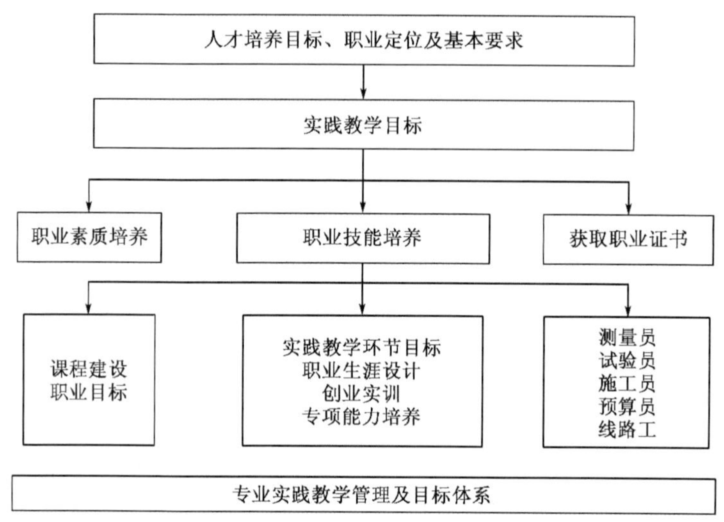

图 1-5　实践教学管理及目标体系

1. 教学文件管理

实习实训（实验）教学管理以总院管理办法为主要总则，资料管理详见总院管理办法，共计填写实践教学计划、实训（实验）项目、教案、实习实训（实验）课记录、实习实训（实验）报告、考核试卷（试题）与评分标准、学生成绩单与分析资料。

2. 教学组织与管理

确保实验、实训现场教学管理的科学规范，营造一个有利于教师开展实践教学工作的浓厚氛围和良好环境，为实践教学工作提供政策、制度和条件上的保证。增强学生实际动手操作的能力，提高学生专业技能水平，发挥学校现有专业设备和设施使用价值。培养教师的职业道德，形成一支具有较高素质和较强技能的实践教学师资队伍，逐步做到数量足够、结构合理、整体优化。强化实验、实训课与企业生产实际的接轨，强化实验、实训课程的教学管理，制定一套切实可行的实践教学管理制度和规定，对实践教学环节的检查和实践教学人员的考核做到经常化、制度化。

3. 实验实训教学人员职责

（1）主讲教师的主要职责

主讲教师掌握和熟悉实验实训教学的要求，负责宣讲实验实训守则和有关规章制度及注意事项，对学生进行安全纪律教育；熟悉实验室环境、设备，实验室仪器的原理、操作方法；实验实训时必须向学生认真讲解与本次实验实训有关的理论知识、实验方法、操作步骤、仪器的使用方法及注意事项；授课要讲解清楚、形象生动，知识面宽，与实践结合紧密，教学基本功扎实，教学方法灵活、效果好；实际操作演示规范，检查、指导学生的操作，启发、引导学生独立解决问题的能力，培养学生遵守安全操作规范，维持课堂秩序；检查学生的实验实训结果，布置实验实训报告，按时收缴和认真批改报告，评估学生实验实训成绩；认真填写《实验实训教学日志》，开展教师评估；实验实训结束时，应及时进行总结，了解学生实验实训技能掌握程度，并征求学生对实验教学的意见，不断提高实验教学质量；开展实验实训教学方法研究，改革实验实训教学内容和方法，努力创造条件，改善、增加设计性、综合性实验，加强现代化测试手段和运用计算机进行实验分析能力的培训。

(2)实习指导教师的主要职责

做好实验实训场地安排，实验实训设施、装置、仪器、设备、材料的准备；掌握实验实训教学的要求；安排好学生实验实训顺序、分组，认真登记实验实训课人数、组数；配合主讲教师检查、指导学生的操作，培养学生遵守安全操作规范，维持课堂秩序；学生实验结束时，检查仪器是否正常，严格记录仪器设备损坏情况，对在实验中违犯操作规程造成设备仪器损坏者要查清责任，督促学生填写仪器使用记录，回收、清点实验仪器；认真填写《实验实训教学日志》等教学资料，认真开展教师评估。

4. 实验实训教学考核项目

实验教学质量的检查是一项经常性的工作，分为上课学生评价实验实训教学效果、教师互评和教务考核(部门领导会同督导进行评估)三项。

学生评教。每次课后都要求随机抽取学生代表进行评教，学生要对主讲教师和辅助教师分别进行评教，评教分为很满意、满意、不满意三个等级。每学期末教务处组织学生开展网上评教。每学期至少召开两次学生座谈会，听取学生对教师的意见。

教师互评。每次课后，主讲教师根据实验实训准备情况对辅助教师进行评教，辅助教师根据教学情况对主讲教师进行评教，评教分为很满意、满意、不满意三个等级。每学期末每个教研组的教师之间都要进行互评。

教务考核。教务检查项目为学院教学工作规定、教师教学工作基本规范及教学事故认定处理办法所规定的硬性内容，并参考实践教学工作量、平时工作表现，由教师所在部门负责人会同督导进行打分。

(三)毕业顶岗实习管理(图1-6)

毕业顶岗实习是专业人才培养方案的重要组成部分，各专业按照专业人才培养方案的要求和安排，组织学生到企业(或用人单位)生产、管理、建设、服务一线参加顶岗实践。通过毕业顶岗实习，全方位了解专业和职业，达到从业基本要求，实现就业零适应期。

1. 毕业顶岗实习工作程序

准备阶段。根据专业人才培养方案制订专业《毕业顶岗实习计划》，编制《毕业顶岗实习课程设计》，与企业洽谈毕业顶岗实习内容，签订毕业顶岗实习合作协议，确定企业毕业顶岗实习指导教师；学院和分院召开毕业顶岗实习动员大会，明确毕业顶岗实习的内容和任务，宣布毕业顶岗实习纪律，提出具体的实习要求，分发毕业顶岗实习教学资料；对毕业顶岗实习学生进行实习安全教育和实习前的岗位培训，学生签订毕业顶岗实习安全教育责任书；学生与学院和企业签订毕业顶岗实习协议书。

实施阶段。班主任或辅导员与毕业顶岗实习学生通过短信、QQ、电话、电子邮件等方式保持联系，每周联系1次，填写《班主任或辅导员毕业顶岗实习联系学生记录表》，并及时更新《毕业顶岗实习学生信息表》；学生填写学生毕业顶岗实习手册，毕业顶岗实习结束后上交系部；专业指导教师通过短信、QQ、电话、电子邮件、实地考察等方式对毕业顶岗实习学生进行指导;学院和各系部定期对毕业顶岗实习情况进行检查,并填写毕业顶岗实习检查表。

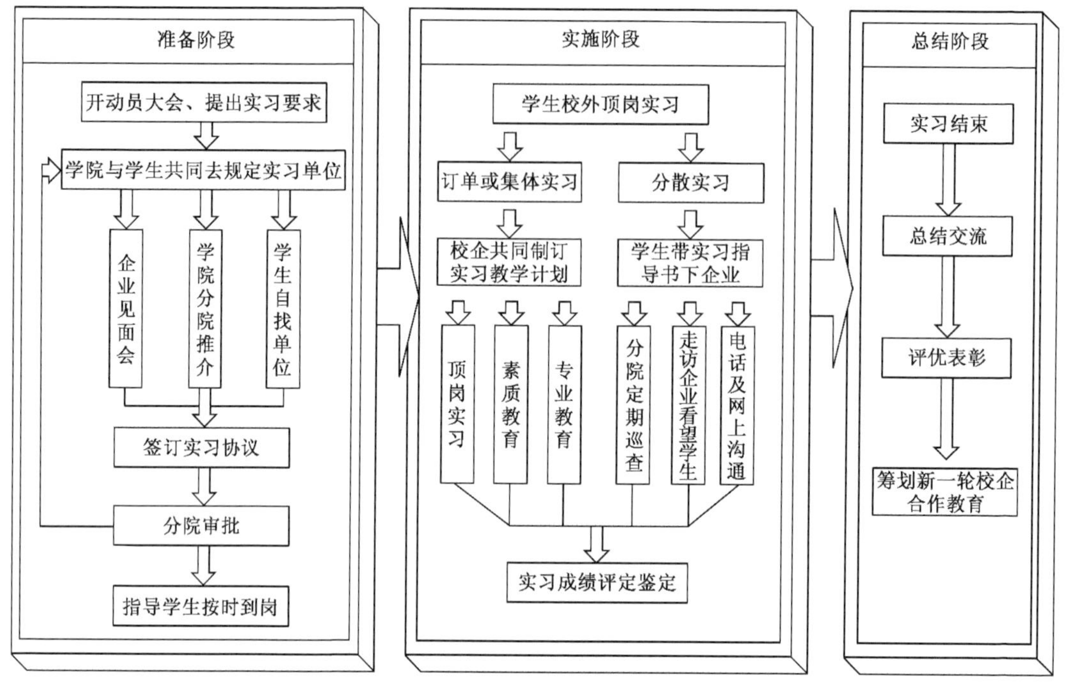

图 1-6　顶岗实习监控体系

总结阶段。企业填写学生实习综合能力评价表;学生将毕业顶岗实习手册上交院部;教研室主任组织专业带头人(负责人)、专业指导教师、班主任或辅导员评定学生毕业顶岗实习成绩,并将学生毕业顶岗实习成绩上报教务处;召开毕业顶岗实习经验交流会;学院或各系部对毕业顶岗实习先进单位及个人进行表彰。

2. 毕业顶岗实习计划与课程设计

《毕业顶岗实习计划》是组织毕业顶岗实习、进行毕业顶岗实习考核和对毕业顶岗实习教学质量进行考评的依据,结合专业的性质、特点和要求的实际,确定具体的毕业顶岗实习内容,并阐明毕业顶岗实习目的、任务与要求、实习内容、形式与时间安排、实习考核与成绩评定、实习具体要求等方面的内容。

《毕业顶岗实习课程设计》是按照《毕业顶岗实习计划》的要求,结合毕业顶岗实习单位的条件而制定的毕业顶岗实习教学的具体执行程序,一般应包括:实习目的、实习任务和内容、组织领导与管理、实习要求、实习考核,并附毕业顶岗实习安排表。

3. 毕业顶岗实习场所与形式

道桥学院结合专业特点精心选择毕业顶岗实习单位,安排学生到生产技术先进、管理严格、经营规范、遵纪守法和社会声誉好的单位组织学生毕业顶岗实习,并就毕业顶岗实习事宜与实习单位签订协议,明确双方的权利、义务以及学生毕业顶岗实习期间双方的管理责任。

积极开展校外实训基地建设工作。校外实训基地建设应遵循优势互补、相对稳定的原则,并使校外实训基地达到教学与实践相结合、毕业顶岗实习与就业相结合的目标,要尽可能做到专业与岗位对口。为使毕业顶岗实习与就业相衔接,学生也可以自主选择毕业顶岗实习单位。

4. 指导与检查

指导教师应认真履行职责,指导学生完成毕业顶岗实习工作。指导教师的组成:一是各系部根据学生的具体情况指定本系部具有丰富教学和实践经验的专业教师作为指导教师;二是由毕业顶岗实习单位指定的指导教师;三是班主任(辅导员)作为就业指导教师。毕业顶岗实习的指导方式可以根据专业性质和毕业顶岗实习方式的不同,采取“全程式指导”或“巡回式指导”。对毕业顶岗实习学生比较集中的单位,各系部必须安排校方毕业顶岗实习指导教师。

5. 指导教师应履行的职责

专业指导教师职责:熟悉专业毕业顶岗实习计划和毕业顶岗实习课程设计,对学生阐明实习计划的内容,明确实习目的和要求,做好学生实习前的各项准备工作,负责将学生送到毕业顶岗实习单位,并保持与学生的联系;指导学生填写毕业顶岗实习手册,负责学生实习考核、实习成绩评定工作。

企业指导教师职责:企业指导教师应具备一定专业水平和实践经验。每位指导教师指导学生数最多不超过 10 人,从事大型或特大型工程一般不超过 3 人。要根据系部和毕业顶岗实习单位共同制订的毕业顶岗实习计划,具体落实毕业顶岗实习任务,指导学生加强职业技能、职业素质、行业规范的训练。在业务指导中应注意培养学生严谨求实的工作作风和创新精神,并详细作好指导记录。指导学生撰写毕业顶岗实习总结、调查报告等,负责学生毕业顶岗实习期间的业务考核、实习鉴定等工作,保证学生的毕业顶岗实习质量。在学生毕业顶岗实习即将结束时,代表毕业顶岗实习单位做好学生的实习鉴定工作。

就业指导教师(班主任或辅导员)职责:负责整理毕业顶岗实习学生信息表,每个星期更新一次,并将信息表上报系部。随时保持与学生沟通,时刻掌握学生的毕业顶岗实习动态。引导学生树立正确的就业观,指导学生就业,并将学生签署的就业协议上报系部。

6. 毕业顶岗实习学生职责

服从学院和毕业顶岗实习单位的领导安排,听从指导教师安排,做好各项工作,完成毕业顶岗实习任务。毕业顶岗实习期间必须遵守毕业顶岗实习单位的安全管理规定,遵守交通安全法规,避免安全事故发生;毕业顶岗实习期间必须具有较强的事业心、责任感和吃苦精神,必须认真遵守毕业顶岗实习单位的规章制度,努力提高自身的专业实践技能和专业知识,不断提升自己的组织能力、解决问题能力和社会实践能力;不得擅离或调换毕业顶岗实习单位,个别学生确因特殊情况中途调换毕业顶岗实习单位的,须经本人提出书面申请,报系部批准,待批准后方可向毕业顶岗实习单位申请离职,未经批准擅自离职、调换毕业顶岗实习单位的,毕业顶岗实习成绩为零 0 分,延期 1 年毕业并严格按照学籍管理有关规定处理。

7. 考核与成绩评定

考核原则。学生在毕业顶岗实习期间接受学院和毕业顶岗实习单位的双重管理,实行毕业顶岗实习单位和学院双重考核制度,校企双方共同完成对学生的考核与评价。

成绩考核评定。企业指导教师对学生的考核与评价:学生在毕业顶岗实习期间的表现,如对专业技能、工作态度、创新意识、团结协作、遵守实习单位管理制度、对毕业顶岗实习单位的贡献等方面进行考核,考核成绩占毕业顶岗实习的 20%。

专业指导教师对学生的考核:专业指导教师根据学生毕业顶岗实习表现(10%)(包括毕业顶岗实习态度、实习纪律、任务完成情况、毕业顶岗实习手册填写)、实习报告(30%)、实习日志(30%)等完成情况对学生进行成绩评定,考核成绩占毕业顶岗实习的 70%。

班主任跟踪考核:班主任根据对学生平时的实习信息反馈、考勤进行考核,考核成绩占毕业顶岗实习的 10%。

考核等次分优秀、良好、合格和不合格4个等级,学生毕业顶岗实习考核不合格者延期1年毕业。

8. 档案材料存档与归档

重视有关毕业顶岗实习教学资料的制订和毕业顶岗实习档案资料积累、存档工作。道路桥梁学院必须具备的毕业顶岗实习教学文件和资料包括:毕业顶岗实习合作协议、毕业顶岗实习计划、毕业顶岗实习课程设计、学生自主联系毕业顶岗实习单位申请表、学生自主联系毕业顶岗实习单位回执、学生毕业顶岗实习协议、学生签署的安全责任书、学生毕业顶岗实习信息表、班主任或辅导员联系学生记录表、毕业顶岗实习检查记录、学生毕业顶岗实习手册、学生综合能力评价表、毕业顶岗实习工作总结等。

第二部分

专业基础课程标准

课程 1　力学与结构

课程名称：力学与结构
课程性质：专业基础课
建议学时：72 学时（理论 64 学时、实践 8 学时）
适用专业：城市轨道交通工程技术

一、前言

（一）课程定位

力学与结构是城市轨道交通工程技术专业的一门专业基础课程，在整个专业课程体系中起着承上启下的作用。本课程的后续课程是城市轨道交通桥梁施工技术。

（二）教学设计思路

以城市轨道交通工程技术专业学生的就业为导向，根据行业专家对城市轨道交通工程技术专业所涵盖的岗位群典型工作任务和职业能力分析，以理论知识必需、够用为原则，以学生为主体，强化课程的针对性和实用性，培养学生分析工程实际问题和解决问题的能力。

本课程力学部分，以力学在结构中的地位及作用为主线，介绍力学的基本知识，工程中常见受弯构件、受压构件的力学特性计算，通过第一部分的学习，使学生理解力学在结构中的重要作用并掌握基本的计算方法。结构部分，以工程中最常见的钢筋混凝土结构为主要对象，讲授结构的承载力计算及复核，结构设计的要求及原则，同时，对预应力混凝土结构的原理及预应力的获得方法也做了详细讲解。

本课程以课堂讲授为主，辅以多媒体教学和现场参观实习等教学方式，增加学生的感性认识、提高学习效果；同时采用丰富的教学方法，逐步培养学生自主学习的能力。

二、课程目标

（一）知识目标

（1）力学的基本概念、公理及在工程中的应用。
（2）绘制工程杆件的轴力图、剪力图和弯矩图。
（3）利用强度条件解决工程中的强度校核、截面选择及荷载确定问题。
（4）结构设计的基本原理及方法。
（5）钢筋混凝土受弯构件承载力计算方法。
（6）受压构件承载力计算方法。

（7）预应力结构的基本概念及获得预应力的方法。

（二）技能目标

（1）能够运用力学基本知识，通过观察和比较、分析和综合，对杆件强度、刚度和稳定性问题做出正确判断的能力。

（2）能够正确绘制简支梁、刚架的内力图。

（3）能够将钢筋混凝土结构的设计要求在工程中正确应用，并能检查出不符合要求的构件。

（三）素质目标

通过本课程的学习，培养学生自主学习能力、交流合作能力、组织协调能力，培养学生树立吃苦耐劳、勤奋工作的意识以及诚实、守信的优秀品质，具备吃苦耐劳、团结协作、勇于创新的精神。

三、课程内容与要求（表 2-1）

四、实施建议

（一）教材选用和编写建议

1. 教材选用

本课程目前使用的主教材是孔七一主编的《工程力学》（第四版）、《应用力学》交通土建高职高专统编教材，人民交通出版社出版，以及由孙元桃主编的《结构设计原理》交通土建高职高专统编教材，人民交通出版社出版。

2. 教材编写原则与要求

（1）教材应充分体现力学在工程中有重要应用这一设计思想，让学生在学习力学与结构过程中逐步提高职业能力。

（2）教材应将工程中涉及的力学知识，分解成若干典型的工作任务，按任务驱动型教学方法，结合理论知识来解决工程问题。

（3）教材应做到习题多一些，讲解过程详细一些，必须精炼、准确、科学。多引入工程中的问题让学生去解决，使教材（讲义）更贴近本专业的发展和实际需要。

3. 教学参考资料使用建议

（1）中华人民共和国行业标准，公路桥梁设计通用规范（JTG D60—2015），人民交通出版社股份有限公司，2015 年出版。

（2）中华人民共和国行业标准，公路钢筋混凝土及预应力混凝土桥涵设计规范（JTG D62—2004），人民交通出版社，2004 年出版。

（二）教学建议

1. 对教师的建议

教师必须对所讲内容有准确清晰的认识，同时应当具有一定教学经验。建议教师经常相互交流与探讨，使课程更具趣味性和实用性。

表 2-1

力学与结构课程内容与要求

序号	项目	能力要求	工作过程	教学活动设计	参考学时	教学资源
1	项目一 轴向拉压杆件力学分析	**知识：** 1. 静力学基本知识 2. 平面力系的合成与平衡 3. 计算轴向拉伸与压缩时各截面轴力 4. 计算各正截面应力 5. 强度条件及其应用 **技能：** 1. 能进行平面力系的合成与平衡 2. 正确绘制轴向拉伸与压缩时的内力图 3. 能利用强度条件解决工程中的强度校核、截面选择及荷载确定问题 **素质：** 培养认真的学习态度和严谨的工作态度	1. 平面力系的合成与平衡 2. 绘制轴向拉伸与压缩时的内力图 3. 利用强度条件解决工程中的强度校核、截面选择及荷载确定问题	1. 教师提供资料 2. 学生根据资料自行选择解题方法 3. 分组教学，5 人一组，共同探讨自己所选的解题方法，最终确定本组解题思路 4. 按每组讨论的方法解题 5. 小组互换，审查其他组题目 6. 小组汇报，教师评价	16	多媒体课件，精品课程网络教学资源
2	项目二 剪切杆件力学分析	**知识：** 1. 剪切实用计算 2. 挤压实用计算 **技能：** 1. 能够进行剪切强度校核 2. 能够进行挤压强度校核 **素质：** 培养认真的学习态度和严谨的工作态度	1. 剪切强度校核 2. 挤压强度校核	1. 教师提供资料 2. 学生根据资料自行选择解题方法 3. 分组教学，5 人一组，共同探讨自己所选的解题方法，最终确定本组解题思路 4. 按每组讨论的方法解题 5. 小组互换，审查其他组题目 6. 小组汇报，教师评价	6	多媒体课件，精品课程网络教学资源
3	项目三 扭转杆件力学分析	**知识：** 1. 扭转受力特点和变形特点 2. 扭矩计算 3. 扭转强度计算 4. 圆轴扭转变形和刚度计算 **技能：** 1. 能描述扭转受力特点和变形特点 2. 能绘制扭矩图 3. 能进行扭转强度计算 4. 能进行圆轴扭转变形和刚度计算 **素质：** 培养认真的学习态度和严谨的工作态度	1. 扭矩图的绘制 2. 扭转强度计算 3. 圆轴扭转变形和刚度计算	1. 教师提供资料 2. 学生根据资料自行选择解题方法 3. 分组教学，5 人一组，共同探讨自己所选的解题方法，最终确定本组解题思路 4. 按每组讨论的方法解题 5. 小组互换，审查其他组题目 6. 小组汇报，教师评价	4	多媒体课件，精品课程网络教学资源

续上表

序号	项　目	能力要求	工作过程	教学活动设计	参考学时	教学资源
4	项目四 弯曲杆件力学分析	**知识：** 1. 梁弯曲时的内力计算 2. 梁弯曲时的应力计算 3. 弯曲时的强度条件及其应用 **技能：** 1. 能正确绘制剪力图和弯矩图 2. 能计算各正截面应力及剪应力 3. 能利用强度条件解决工程中的强度校核、截面选择及荷载确定问题 **素质：** 培养认真的学习态度及解决实际问题的能力	1. 绘制剪力图和弯矩图 2. 利用强度条件解决工程中的强度校核、截面选择及荷载确定问题	1. 教师提供资料 2. 学生根据资料自行选择解题方法 3. 分组教学，5人一组，共同探讨自己所选的解题方法，最终确定本组解题思路 4. 按每组讨论的方法解题 5. 小组互换审，查其他组题目 6. 小组汇报，教师评价	12	多媒体课件，精品课程网络教学资源
5	项目五 压杆稳定性分析	**知识：** 1. 压杆稳定的概念 2. 临界力的欧拉公式 3. 压杆的稳定计算 **技能：** 1. 能理解压杆稳定的概念 2. 会应用临界力的欧拉公式计算临界力 3. 能进行压杆稳定计算 **素质：** 培养认真的学习态度及解决实际问题的能力	1. 压杆稳定的概念 2. 临界力的计算 3. 压杆的稳定计算	1. 教师提供资料 2. 学生根据资料自行选择解题方法 3. 分组教学，5人一组，共同探讨自己所选的解题方法，最终确定本组解题思路 4. 按每组讨论的方法解题 5. 小组互换，审查其他组题目 6. 小组汇报，教师评价	6	多媒体课件，精品课程网络教学资源

续上表

序号	项目	能力要求	工作过程	教学活动设计	参考学时	教学资源
6	项目六 钢筋混凝土构件分析	**知识：** 1. 钢筋混凝土结构的优点和缺点 2. 钢筋混凝土结构的组成材料 3. 钢筋与混凝土之间的黏结 4. 钢筋混凝土受弯构件的构造要求 5. 受弯构件正截面受力过程及破坏特征 6. 三种截面的受弯构件计算 7. 普通箍筋柱承载力计算 8. 受弯构件正截面受力过程及破坏特征 9. 轴心受压构件承载力的计算 **技能：** 1. 能说出工程各类结构的优缺点及其应用 2. 掌握钢筋混凝土中两种结构的工程性能 3. 理解钢筋混凝土结构的工作机理 4. 熟悉钢筋混凝土受弯构件的构造要求 5. 能利用受弯构件正截面受力过程及破坏特征解释工程中的现象 6. 掌握单筋矩形截面、双筋矩形截面、单筋"T"形截面承载力的计算公式及其应用 7. 钢筋混凝土受弯构件裂缝宽度计算 8. 能说出受弯构件正截面受力过程及破坏特征 9. 能进行受弯构件普通箍筋柱和螺旋箍筋柱承载力的计算 **素质：** 培养认真的学习态度及解决实际问题的能力，培养严谨的工作态度	1. 说出工程各类结构的优缺点及其应用 2. 钢筋混凝土中两种结构的工程性能 3. 钢筋混凝土结构的工作机理 4. 钢筋混凝土受弯构件的构造要求 5. 用受弯构件正截面受力过程及破坏特征解释工程中的现象 6. 掌握单筋矩形截面、双筋矩形截面、单筋"T"形截面承载力的计算公式及其应用 7. 受弯构件正截面受力过程及破坏特征 8. 轴心受压构件承载力的计算	1. 教师提供资料 2. 学生根据资料自行选择解题方法 3. 分组教学，5个一组，共同探讨自己所选的解题方法，最终确定本组解题思路 4. 按每组讨论的方法解题 5. 小组互换，审查其他组题目 6. 小组汇报，教师评价	14	多媒体课件，精品课程网络教学资源

续上表

序号	项　目	能力要求	工作过程	教学活动设计	参考学时	教学资源
7	项目七 预应力混凝土结构分析	**知识：** 1. 预应力的基本原理 2. 获得预应力的方法和手段 3. 预应力的计算与预应力损失的估算 **技能：** 1. 能掌握预应力结构的优点和缺点 2. 熟悉先张法和后张法获得预应力的过程及控制要点 3. 掌握预应力材料的要求 4. 了解预应力计算方法及损失的影响因素 **素质：** 培养认真的学习态度及解决实际问题的能力，培养严谨的工作态度	1. 预应力混凝土的基本原理 2. 说出预应力结构的优点和缺点 3. 先张法和后张法获得预应力的过程及控制要点 4. 预应力材料的要求 5. 预应力计算方法及损失的影响因素	1. 教师提供资料 2. 学生根据资料自行选择解题方法 3. 分组教学，5人一组，共同探讨自己所选的解题方法，最终确定本组解题思路 4. 按每组讨论的方法解题 5. 小组互换，审查其他组题目 6. 小组汇报，教师评价	6	多媒体课件，精品课程网络教学资源
8	项目八 圬工结构分析	**知识：** 1. 圬工结构的材料 2. 圬工砌体的种类及主要力学性能 3. 圬工结构承载力计算 **技能：** 1. 能描述圬工结构的材料类别及结构特点 2. 能描述圬工结构的施工过程及注意事项 3. 能进行圬工结构的承载力计算 **素质：** 培养认真的学习态度及解决实际问题的能力，培养严谨的工作态度	1. 描述圬工结构的材料类别及结构特点 2. 描述圬工结构的施工过程及注意事项 3. 圬工结构的承载力计算	1. 教师提供资料 2. 学生根据资料自行选择解题方法 3. 分组教学，5人一组，共同探讨自己所选的解题方法，最终确定本组解题思路 4. 按每组讨论的方法解题 5. 小组互换，审查其他组题目 6. 小组汇报，教师评价	4	多媒体课件，精品课程网络教学资源
机动					4	
合计					72	

同时，教师要善于学习并掌握工作过程课程设计理念和基于行动导向的教学模式；应当认真学习并掌握多种先进教学方法，并积极在课堂实践先进的教学方法。教师还应当具有良好的职业道德和责任心。

2. 教学组织设计的建议

本课程理论居多，所以要将课堂教学形式进行改革，课堂教学采用传统板书与多媒体课件、力学模型相结合的方法，讲透重点，以点带面，切实做到少而精，概念和原理融会贯通，较好地发挥现代化教学手段的优势。

利用多媒体课件生动再现工程实例及工程中构件的受力与变形，通过动画演示和力学模型使课堂教学形象生动，同时达到启发式教学效果，调动学生学习的积极性，做到教学内容、教学方法及教学手段的有机结合。

对学生进行分组，小组讨论，同学之间、师生之间相互交流讨论，有助于让学生更好地掌握所学内容，激发学生的学习兴趣。

（三）教学考核评价建议

教学评价是教学过程中必不可少的环节，是教师了解教学过程，调控教学行为的重要手段。教学评价的目的在于了解学生的学习状况、发现教学中的缺陷，为改进教学提供依据。

建议本课程考核采用：

平时成绩（20%）+ 项目汇报（20%）+ 过程性考核（30%）+ 笔试成绩（30%）的考核方式。

（1）平时表现为考勤和作业。要求对学生的作业做统一规范的要求，教师对学生每一次的作业情况有评价、有记录，作为平时成绩考核指标之一。

（2）项目汇报是看学生的课程反应能力。

（3）过程性考核是看学生对每个项目的掌握程度。

（4）卷面考试采用教考分离，统一阅卷。使学生的卷面成绩能正确反映学生对知识的掌握程度，做到考核公平。

（四）课程资源的开发与利用

课程资源是决定课程目标是否有效达成的重要因素。课程资源应该具备开放性的特点，适应于学生的自主学习、主动探究。

1. 大力开发和充分利用课程资源

必须大力开发与课程相关的教学设计、教学课件、教学视频等教学资源。

2. 进一步加强信息技术资源开发

完善课程资源，加强工程结构用软件开发设计，开发网络课程，进一步丰富课程信息技术资源，使之更加适合学生的自主学习。

（五）其他说明

无

课程 2 城市轨道交通概论

课程名称:城市轨道交通概论
课程性质:专业基础课
建议学时:64 学时
适用专业:城市轨道交通工程技术

一、前言

(一)课程定位

本课程为城市轨道交通工程技术专业基础课程,安排在第一学期,共 64 学时,后续课程为轨道交通系统认知,旨在培养学生对轨道交通有宏观了解与认识,提高学生分析问题的能力和团队合作的能力,为后续专业核心课学习打下基础。

(二)教学设计思路

以项目为驱动,设计 8 个项目:项目一为认识轨道交通;项目二为轨道交通工程;项目三为轨道交通车站;项目四为轨道交通车辆;项目五为城市轨道交通通信;项目六为城市轨道交通信号系统;项目七为城市轨道交通运营组织;项目八为城市轨道交通车辆段。项目与项目之间并行结构,按照类型进行分项目讲解。

二、课程目标

(一)知识目标

(1)了解轨道交通发展现状。
(2)轨道交通的建设规模与实施。
(3)城市快速轨道交通项目组成及路网规划。
(4)中间站、会让站和越行站的区别。
(5)铁路车辆的车辆分类及其用途。
(6)城市轨道交通通信概述。
(7)城市轨道交通信号系统的组成。
(8)城市轨道交通运营组织概述。
(9)城市轨道交通车辆段规划与设计。

(二)素质目标

(1)培养学生良好的职业道德、科学严谨的工作态度。

(2)培养学生良好的沟通能力和优秀的团队协作精神。

(3)培养学生勇于创新、与时俱进的工作作风。

授课班学生组建小组,从方案设计、论证、实施、跟进、过程资料收集、测试、评价一系列的流程,培养学生严谨、积极、富有创意、合作、包容的心态,使学生养成整理、整顿、清理、清洁、素养的意识。

三、课程内容与要求(表2-2)

四、实施建议

(一)教材选用和编写建议

1. 教材选用

使用院本教材《轨道交通概论》。

2. 教材编写原则与要求

主要针对上述8个项目进行理论讲解、任务要求下达、组织实施及工单制订,将几个项目做成统一的标准,组织实施。

3. 教学参考资料使用建议

无

(二)教学建议

班级分组学生不宜过多,5~6人一组,分工明确,严格按照任务执行,注意过程资料的收集工作。

(三)教学考核评价建议

教学考核采用过程性考核与项目汇报相结合的方法。

形式为自主考核。

(四)课程资源的开发与利用

(1)充分利用学校的课程资源库、报刊、教学挂图、投影片、音像资料和教学软件等。

(2)利用校外资源网络、媒体、国内国际前沿知识,扩展学生的视野。

(五)其他说明

本课程面向城市轨道交通工程技术专业的学生,作为专业基础课,为后续专业核心课的学习做好铺垫,培养学生项目化意识及团队合作的精神。

城市轨道交通概论课程内容与要求

表 2-2

序号	工作项目	能力要求	模块	任务	活动设计	参考学时
1	项目一 认识轨道交通	**知识：** 1. 总述轨道交通 2. 铁路的发展及现状 3. 城市轨道交通发展历史 **技能：** 通过对轨道交通的了解与认识，学会分析项目的流程，以时间为线，认识轨道交通的发展及给现代人带来的便利	1. 轨道交通定义 2. 轨道交通历史 3. 城市轨道交通发展史	1. 分析轨道交通功能及发展 2. 城市轨道交通近几年的发展现状	1. 分组，组成团队 2. 回顾轨道交通发展史 3. 讨论目前城市轨道交通的现状 4. 目前乌鲁木齐轨道交通的发展 5. 总结讨论评价	8
2	项目二 轨道交通工程	**知识：** 1. 设计年限与设计阶段 2. 轨道交通的建设规模及实施 3. 城市快速轨道交通项目组成及路网规划 **技能：** 1. 熟悉基本的轨道交通工程设计、规模建设、实施及路网规划 2. 学会轨道交通客流的预测和分析 3. 熟悉明挖地下结构的设计与施工	1. 轨道交通设计与规模建设、实施 2. 轨道交通客流预测分析及地下结构施工设计	1. 熟悉轨道交通前期实施准备工作 2. 对轨道交通客流量预测分析 3. 地下施工设计方法	1. 任务制定 2. 分析城市轨道交通前期建设的必要性 3. 讨论轨道交通工程设计与施工方法 4. 讨论路网规划的依据 5. 施工过程中的地下结构施工注意事项 6. 总结讨论评价	8
3	项目三 轨道交通车站	**知识：** 1. 熟悉车站的定义、分类及车站线路种类与线路间距 2. 掌握中间站、会让站和越行站的区别 **技能：** 1. 掌握轨道交通车站结构功能及分类 2. 能联系实际分辨车站类型与区别	1. 车站组成 2. 车站中常见辅助设备	1. 车站功能分析 2. 分布区域与类别 3. 常见辅助设备功能	1. 明确任务 2. 认识轨道交通车站 3. 分析其分类、功能结构 4. 讨论分析具体车站案例 5. 车站中常见辅助设备 6. 过程资料收集内容补充 7. 总结评价知识点汇总	8

续上表

序号	工作项目	能力要求	模块	任务	活动设计	参考学时
4	项目四 轨道交通车辆	**知识：** 1. 铁路车辆的分类及其用途 2. 地铁车辆的系统构成及车辆基本设计参数 3. 列车编组及联挂方式 4. 车辆限界与整车测量 **技能：** 1. 掌握轨道交通车辆的系统构成、分类及用途 2. 能熟练掌握列车编组方式，学会对车辆衔接及整车进行测量	1. 轨道交通车辆概述	1. 选定任务，查询资料 2. 分析其功能分类及用途	1. 组队选定任务 2. 讨论明确分工 3. 实施对轨道交通车辆的认识和了解	8
			2. 轨道交通车辆结构设计及列车编组	1. 车辆设计的基本参数	1. 具体实施方法 2. 进度跟进	
				2. 列车编组方式	1. 编组方法 2. 联挂方式	
				3. 界限测量	1. 客观、准确、细心 2. 掌握界限测量的方法，并讨论其意义	
5	项目五 城市轨道交通通信	**知识：** 1. 城市轨道交通通信功能及作用 2. 城轨通信系统的组成 3. 通信系统的作用 **技能：** 1. 能正确分析一个项目从开始到结束整个项目的流程 2. 能够很好的沟通和团队合作	1. 轨道交通通信概述	1. 通信系统的发展	1. 分组、明确任务 2. 分析通信系统发展及现状	8
				2. 通信系统的重要作用	1. 讨论通信系统在轨道交通中的作用，以具体实例说明 2. 通信系统中的问题讨论及改进设想	
			2. 通信系统组成	通信系统的结构及组成	1. 具体功能结构分析 2. 举例车站中的通信系统组成	

续上表

序号	工作项目	能力要求	模块	任务	活动设计	参考学时
6	项目六 城市轨道交通信号系统	**知识：** 1. 城市轨道交通信号系统的组成 2. 城市轨道交通信号系统区间闭塞、车站联锁 **技能：** 1. 能掌握城市轨道交通信号系统的基本组成、地域划分、线路划分 2. 学会分析轨道交通信号系统中区间闭塞、车站联锁的关系	1. 信号系统的组成 2. 交通信号系统内容	1. 基本组成 2. 地域划分 3. 车辆段信号系统 4. 正线信号系统 5. 区间闭塞、车站联锁 6. 列车运行自动控制系统	1. 任务制定 2. 分析城市轨道交通信号系统组成 3. 讨论城市轨道交通信号系统的重要性 4. 实例说明城市轨道交通信号系统的具体应用 5. 采集资料，说明信号系统中区间闭塞、车站联锁的关系 6. 总结讨论评价	8
7	项目七 城市轨道交通运营组织	**知识：** 1. 运营组织概述 2. 运营控制中心 3. 行车组织 **技能：** 1. 掌握运营组织的基本概念和控制中心的作用 2. 学会行车组织的形式与技巧	1. 客运设备设施布置 2. 运营服务设备系统 3. 控制中心的设备功能 4. 列车运行图	1. 运营组织概述 2. 设施布置 3. 控制中心的设备功能 4. 行车调度指挥 5. 列车运行组织 6. 车站行车组织	1. 任务制定 2. 分析城市轨道交通运营组织的构成及功能 3. 讨论城市轨道交通运营组织的工作任务 4. 控制中心设备的组成及功能 5. 采集资料，初步认识城市轨道交通运营组织中行车调度及列车运行如何操作 6. 总结讨论评价	8
8	项目八 城市轨道交通车辆段	**知识：** 1. 能掌握车辆段的组织机构及其功能 2. 熟悉地铁车辆段总平面布置基本形式及其特点 3. 地铁车辆段及停车场布点 **技能：** 1. 城市轨道交通车辆段规划与设计 2. 城市轨道交通车辆段信号设计 3. 城市轨道交通车辆段停车场及洗车线	1. 车辆段组织机构 2. 车辆段出入线的设置 3. 车辆段设计	1. 车辆段一般技术要求 2. 车辆段总结构布置 3. 总平面设计特点 4. 出入线设计要求 5. 车辆段及停车场的分布	1. 任务制定 2. 分析城市轨道交通车辆段的组织构成及功能 3. 讨论城市轨道交通车辆段的工作任务 4. 车辆段总体平面分布形式及特点 5. 采集资料，掌握车辆段及停车场分布以及车辆段出入线的设计方法 6. 总结讨论评价	8
合计						64

课程3　工程图绘制与识读

课程名称:工程图绘制与识读
课程性质:专业基础课
建议学时:64 学时
适用专业:城市轨道交通工程技术、铁道工程技术

一、前言

(一)课程定位

通过学习本课程,使学生掌握正投影法的基本原理及其应用,掌握绘制和识读工程图样的方法,具备空间想象能力和思维能力,具备绘制和阅读中等复杂程度工程图样的能力。

(二)教学设计思路

(1)由学校专任教师、行业专家和企业专家合作选择课程内容。

(2)变学科型课程体系为任务引领型课程体系,紧紧围绕完成工作任务的需要来选择课程内容。

(3)变知识学科本位为职业能力本位,从"任务与职业能力分析"出发,设定课程能力培养目标。

(4)变书本知识的传授为动手能力的培养,以"工作项目"为主线,创设工作情景,培养学生的实践动手能力。

(5)构建模块化课程内容。

本课程以道路桥梁工程技术类专业学生的就业为导向,根据行业专家对轨道工程技术类专业所涵盖的岗位群进行的任务和职业能力分析,同时遵循高等职业院校学生的认知规律,确定本课程的工作模块和课程内容。本课程安排在第一学年进行,建议课程学时为 64 学时。

二、课程目标

(一)知识目标

(1)掌握正投影法的基本原理及其应用。

(2)熟练查阅常用手册、国家标准等。

(3)具备绘制和阅读中等复杂程度工程图样的能力。

(4)所绘图样能够做到投影正确,视图选择和配置恰当,尺寸完整、清晰、字体工整、线形标准,符合国家标准的规定,并能按给定的要求标注表面结构。

(5)具备对三维形状与相关位置的空间逻辑和形象思维能力。

（二）技能目标

（1）能识读常用材料图例、地貌、地物图例。

（2）能够查阅和运用国家道路工程制图标准。

（3）能运用尺规作图方法解决空间度量问题和定位问题。

（三）素质目标

具备谦虚、严谨的工作作风。

三、课程内容与要求（表 2-3）

四、实施建议

（一）教材选用和编写建议

1. 教材选用

教材应充分体现任务引领、实践导向课程的思想，应将本专业职业活动，分解成若干典型的工作项目，按完成工作项目的需要和岗位操作规程，选取教材。

2. 教材编写原则与要求

通过自行绘制轨道工程图、阅读轨道工程图、在工地现场参观工程构造物，并运用所学知识与工程图对比分析，引入必需的理论知识，增加实践操作内容，强调理论在实践过程中的应用。

教材应图文并茂，提高学生的学习兴趣，加深学生对路桥工程图的认识和理解，教材表达必须精炼、准确、科学。

3. 教材、教学参考资料使用建议

教材内容应体现先进性、通用性、实用性，要将本专业新技术及时地纳入教材，使教材更贴近本专业的发展和实际需要。

参考教材：《道路工程制图》刘松雪、樊琳娟主编，《道路工程制图习题集》曹雪梅、樊琳娟主编，人民交通出版社出版。

（二）教学建议

在教学过程中，应立足于加强学生实际操作能力的培养，采用项目教学，以工作任务引领提高学生学习兴趣，激发学生的学习动力。

本课程教学的关键是“教学做一体化”，在教学过程中，教师示范和学生分组讨论、训练互动，学生提问与教师解答、指导有机结合，让学生在“教”与“学”的过程中，学会绘制和阅读轨道工程图。

在教学过程中，要创设工作情景，同时应加大实践实操的容量，要紧密结合工程图样的实际应用，加强识图和绘图的训练，在实践实操过程中提高学生的岗位适应能力。

在教学过程中，要应用多媒体、投影等资源辅助教学，帮助学生熟悉工地现场的工程构造物构造特点及图示特点。

在教学过程中，重视本专业领域新技术的发展趋势，贴近工地现场。为学生提供职业生涯发展的空间，努力培养学生参与社会实践的创新精神和职业能力。

教学过程中教师应积极引导学生提升职业素养，提高职业道德。

表 2-3

工程图绘制与识读课程内容与要求

序号	项目	能力要求	工作过程	教学过程设计	参考学时	教学资源
1	工程制图的认识与应用	**知识：** 了解绘图工具及其使用方法，了解绘图标准 **技能：** 掌握平面图尺寸标注 **素质：** 培养认真的学习态度和严谨的工作态度	1. 认识绘图工具	学习绘图工具的使用方法	6	设备：绘图工具、纸、习题册
			2. 了解绘图标准	了解工程图绘制标准		
2	投影的基本知识	**知识：** 学习投影的基本概念、类型、形成原理 **技能：** 掌握绘制投影图 **素质：** 培养认真的学习态度和严谨的工作态度	1. 投影的基本知识	1. 掌握投影的基本概念 2. 投影的类型	4	设备：绘图工具、纸、习题册
			2. 三面投影体系	1. 三面投影图的形成原理 2. 三面投影图的绘制		
3	点、线、面的三面投影	**知识：** 学习点、线、面的三面投影图的绘制 **技能：** 掌握绘制点、线、面的三面投影 **素质：** 培养认真的学习态度和严谨的工作态度	1. 点的三面投影	1. 点的三面投影的形成 2. 空间中三种点的三面投影的绘制 3. 空间中两点的相对位置的判断	20	设备：绘图工具、纸、习题册
			2. 直线的三面投影	1. 直线的三面投影的形成 2. 空间中三种直线的三面投影的绘制 3. 空间中两直线的相对位置关系的判定		
			3. 平面的三面投影	1. 平面的三面投影的形成 2. 空间中三种平面的三面投影的绘制 3. 平面上的点和直线的三面投影的绘制 4. 直线与平面的关系的判定		

续上表

序号	项目	能力要求	工作过程	教学过程设计	参考学时	教学资源
4	立体的三面投影	**知识：** 学习立体的三面投影的绘制，立体表面的点和直线的投影的绘制 **技能：** 掌握绘制立体的三面投影图 **素质：** 培养认真的学习态度和严谨的工作态度	1. 平面立体的三面投影	1. 平面立体的三面投影的绘制 2. 平面立体表面的点和直线的三面投影的绘制	14	设备：绘图工具、纸、习题册
			2. 曲面立体的三面投影	1. 曲面立体的三面投影的绘制 2. 曲面立体表面的点和直线的三面投影的绘制		
5	组合体的三面投影	**知识：** 学习组合体三面投影的绘制 **技能：** 学会绘制组合体三面投影图 **素质：** 培养认真的学习态度和严谨的工作态度	1. 组合体的投影图的绘制	1. 组合体的类型 2. 组合体投影图的绘制	8	设备：绘图工具、纸、习题册
			2. 组合体的投影图的识读	1. 组合体投影图的尺寸标注 2. 组合体投影图的识读		
6	剖面图和断面图	**知识：** 学习剖面图和断面图的绘制 **技能：** 学会绘制剖面图和断面图 **素质：** 培养认真的学习态度和严谨的工作态度	1. 剖面图	1. 剖面图的形成 2. 剖面图的绘制方法 3. 剖面图的类型	6	设备：绘图工具、纸、习题册
			2. 断面图	1. 断面图的形成 2. 断面图的绘制方法 3. 断面图的类型		
7	轴测投影图的绘制	**知识：** 学习轴测投影图的绘制 **技能：** 学会绘制轴测投影图 **素质：** 培养认真的学习态度和严谨的工作态度	1. 正等轴测投影图	1. 正等轴测投影的形成 2. 正等轴测投影图的绘制	6	设备：绘图工具、纸、习题册
			2. 斜二测轴测投影图	1. 斜二测轴测投影图的形成 2. 斜二测轴测投影图的绘制		
合计					64	

（三）教学考核评价建议

改革传统的学生评价手段和方法，采用阶段评价、过程性评价与目标评价相结合，理论与实践一体化的评价模式。

关注评价的多元性，结合课堂提问、平时作业、大作业实训、技能竞赛及考试情况，综合评价学生成绩。

应注重学生动手能力和实践中分析问题能力、解决问题能力的考核，对在学习和应用上有创新的学生应予特别鼓励，全面综合评价学生能力。

本课程的总评成绩 = 平时成绩（30%）+ 大作业成绩（50%）+ 期末考试成绩（20%）。

（四）课程资源的开发与利用

注重课程资源向多种媒体转变；教学活动从信息的单向传递向双向交换转变；学生单独学习向合作学习转变。

产学合作开发实验实训课程资源，充分利用本行业典型的生产企业的资源，进行产学合作，建立实习实训基地，实践“工学”交替，满足学生的实习实训需要，同时为学生的就业创造机会。

建立本专业开放实训中心，使之具备现场教学、实验实训、职业技能证书考证的功能，实现教学与实训合一、教学与培训合一、教学与考证合一，满足学生综合职业能力培养的要求。

（五）其他说明

本课程标准仅适用于新疆交通职业技术学院城市轨道交通工程技术专业。

课程4　测量仪器使用与数据处理

课程名称:测量仪器使用与数据处理

课程性质:专业基础课程

建议学时:72学时(理论54学时、实践18学时)

适用专业:城市轨道交通工程技术

一、前言

(一)课程定位

本课程是城市轨道交通工程技术专业的一门专业基础课程,具有较强的实践性,课程教学目标是在掌握工程测量技术的基本知识、基本理论和基本方法的基础上,力求科学地反映当前施工测量的新理论与新方法,培养学生解决工程测量相关问题的能力,促进学生处理实际工程施工测量能力的提高。

(二)设计思路

本课程的总体设计思路是:打破传统的文化基础课、专业基础课、核心专业课的三段式课程设置模式,紧紧围绕完成工作任务的需要来选择课程内容;变知识学科本位为职业能力本位,打破传统的以"了解"、"掌握"为特征设定的学科型课程目标,从"任务与职业能力"分析出发,设定职业能力培养目标;变书本知识的传授为动手能力的培养,打破传统的知识传授方式,以"工作技能"为主线,创设工作情景,结合职业技能证书考证,培养学生的实践动手能力。

本课程标准以学生的就业为导向,根据行业专家对岗位群进行的任务和职业能力分析,同时遵循高等职业院校学生的认知规律,紧密结合职业资格证书中相关考核要求,以"工作技能"为主线,创设工作情景,结合职业技能证书考证,培养学生的实践动手能力,确定本课程的工作模块和课程内容。为了充分体现任务引领、实践导向课程思想,本课程按照工程测量技术的基本技能按模块划分内容:测量的基本知识;地形图的应用;现代测绘技术及测绘仪器;施工测量技术。整个课程内容的知识介绍以够用为度,操作技能力求熟练。

二、课程目标

(一)总体目标

本课程通过项目化教学,掌握工程测量的相关理论知识,对公路施工及养护各阶段的测量技能有一个基本掌握,能够运用测量仪器承担公路施工及养护过程中的高程测量、角度测量、施工放样、变形观测等工作任务。同时培养学生严谨的态度和吃苦耐劳、团结协作的职业素质。

(二)具体目标

1. 知识目标

(1)了解常规测量仪器原理。

(2)掌握一般测量仪器的检验方法。

(3)理解高程测量原理。

(4)理解角度测量原理。

(5)理解距离丈量原理。

(6)掌握直线定线方法。

(7)掌握桥涵施工放样方法。

(8)掌握各种测量数据的使用与处理。

2. 能力目标

(1)能正确使用常规测量仪器。

(2)能对测量仪器进行一般性的检验。

(3)能进行高程测量。

(4)能进行角度测量。

(5)能进行距离丈量。

(6)能进行直线定向。

(7)能进行路基、路面施工放样。

(8)能进行桥涵施工放样。

(9)能进行沉降变形观测。

3. 素质目标

通过本课程的学习,能提高学生自主学习能力、勤奋学习的精神,交流合作能力、组织协调能力、严谨思维与工作习惯,培养吃苦耐劳、勤奋工作的意识以及诚实守信的优秀品质,具备团结协作、勇于创新的精神。

三、课程内容与要求(表 2-4、表 2-5)

测量仪器使用与数据处理课程内容与要求(一) 表 2-4

第一部分 基本知识储备			
序号	项目内容	学习要求	建议课时
1	基础知识一:了解测量学的工作任务及分类	掌握测量学的任务、分类、测量原则及程序	2
2	基础知识二:认识水准面及测量常用坐标系	了解高程测量的意义、原理、使用的仪器设备	2
小计			4
序号	工作任务	工作步骤	建议课时
第二部分 高程测量			
3	项目一:支水准测量	任务一 布置测量任务、安排测区	2
		任务二 实施过程	4
		任务三 数据整理、计算	2
4	项目二:附和水准测量	任务一 布置测量任务、安排测区	2
		任务二 实施过程	2
		任务三 数据整理、计算	2

续上表

<table>
<tr><th>序号</th><th>工作任务</th><th>工作步骤</th><th>建议课时</th></tr>
<tr><td colspan="4">第二部分　高程测量</td></tr>
<tr><td rowspan="3">5</td><td rowspan="3">项目三：闭合水准测量</td><td>任务一　布置测量任务、安排测区</td><td>2</td></tr>
<tr><td>任务二　实施过程</td><td>2</td></tr>
<tr><td>任务三　数据整理、计算</td><td>2</td></tr>
<tr><td rowspan="2">6</td><td rowspan="2">项目四：水准测量数据处理</td><td>任务一　成果数据解算</td><td rowspan="2">2</td></tr>
<tr><td>任务二　精度评定</td></tr>
<tr><td colspan="3">小计</td><td>22</td></tr>
<tr><td colspan="4">第三部分　导线测量</td></tr>
<tr><td rowspan="3">7</td><td rowspan="3">项目五：支导线测量</td><td>任务一　作业区域划分、选择控制点</td><td>2</td></tr>
<tr><td>任务二　实施过程</td><td>2</td></tr>
<tr><td>任务三　数据整理、计算</td><td>2</td></tr>
<tr><td rowspan="3">8</td><td rowspan="3">项目六：附和导线测量</td><td>任务一　作业区域划分、选择控制点</td><td>2</td></tr>
<tr><td>任务二　实施过程</td><td>2</td></tr>
<tr><td>任务三　数据整理、计算</td><td>2</td></tr>
<tr><td rowspan="3">9</td><td rowspan="3">项目七：闭合导线测量</td><td>任务一　作业区域划分、选择控制点</td><td rowspan="2">2</td></tr>
<tr><td>任务二　实施过程</td></tr>
<tr><td>任务三　数据整理、计算</td><td>2</td></tr>
<tr><td rowspan="2">10</td><td rowspan="2">项目八：导线测量数据处理</td><td>任务一　判断观测值的正确性</td><td rowspan="2">2</td></tr>
<tr><td>任务二　误差配赋</td></tr>
<tr><td colspan="3">小计</td><td>18</td></tr>
<tr><td colspan="4">第四部分　小区域控制测量</td></tr>
<tr><td rowspan="3">11</td><td rowspan="3">项目九：平面控制测量</td><td>任务一　划分测区、选点、准备仪器设备</td><td rowspan="2">2</td></tr>
<tr><td>任务二　实施过程</td></tr>
<tr><td>任务三　精度评定、误差配赋</td><td>2</td></tr>
<tr><td rowspan="3">12</td><td rowspan="3">项目十：高程控制测量</td><td>任务一　测区划定、选择高程控制点</td><td rowspan="2">2</td></tr>
<tr><td>任务二　实施过程</td></tr>
<tr><td>任务三　精度评定、误差配赋</td><td>2</td></tr>
<tr><td rowspan="3">13</td><td rowspan="3">项目十一：大比例尺地形图测绘</td><td>任务一　测图前的准备工作</td><td>2</td></tr>
<tr><td>任务二　碎部点绘制</td><td>2</td></tr>
<tr><td>任务三　图幅整饰</td><td>2</td></tr>
<tr><td colspan="3">小计</td><td>14</td></tr>
<tr><td colspan="4">第五部分　施工放样</td></tr>
<tr><td rowspan="8">14</td><td rowspan="3">项目十二：圆曲线放样</td><td>任务一　放样前的准备</td><td>2</td></tr>
<tr><td>任务二　数据计算、检核</td><td rowspan="2">2</td></tr>
<tr><td>任务三　放样点精度评定</td></tr>
<tr><td rowspan="3">项目十三：缓和曲线放样</td><td>任务一　放样前的准备</td><td>2</td></tr>
<tr><td>任务二　数据计算、检核</td><td rowspan="2">2</td></tr>
<tr><td>任务三　放样点精度评定</td></tr>
<tr><td rowspan="2">项目十四：中线测量</td><td>任务一　放样前的准备</td><td rowspan="2">2</td></tr>
<tr><td>任务二　数据计算、检核</td></tr>
<tr><td colspan="2">拓展知识</td><td>测量软件应用、测量新技术应用</td><td>可根据时间决定是否安排</td></tr>
<tr><td colspan="3">机动</td><td>4</td></tr>
<tr><td colspan="3">小计</td><td>14</td></tr>
<tr><td colspan="3">合计</td><td>72</td></tr>
</table>

表 2-5

测量仪器使用与数据处理课程内容与要求（二）

序号	项目	能力要求	工作过程	教学活动设计	参考学时	教学资源
1	项目一 支水准测量	**知识：** 理解和掌握水准测量的选点要求、数据记录格式及要求 **技能：** 1. 能够熟练操作各种类型的水准仪 2. 能够正确读取水准尺读数 3. 能够按照规范要求记录数据 4. 能够对所测数据进行正确计算 **素质：** 培养学生团队协作精神和敬岗、爱岗、诚信的品质及严谨的工作态度	任务一　布置测量任务、安排测区	了解和熟悉测区基本情况； 选择点，了解水准点的类型，地面点标识的方法	2	一体化教室、水准仪、脚架等工程测量专用工具及通用测量仪器设备，工程测量规范、校内实训基地
			任务二　实施过程	利用水准仪，在教师指导下完成水准路线的测量	4	
			任务三　数据整理、计算	计算所测数据，判断所测数据正确与否	2	
2	项目二 附和水准测量	**知识：** 理解和掌握水准测量路线选择的方法、学会根据测区情况布设水准路线 **技能：** 1. 能够在规定时间完成测量工作 2. 能够快速、正确读取水准尺读数 3. 能够按照规范要求记录数据 4. 能够对所测数据进行正确计算、检核 **素质：** 培养学生团队协作精神和敬岗、爱岗、诚信的品质及严谨的工作态度	任务一　布置测量任务、安排测区	针对测区地形条件，选择合适的水准点	2	一体化教室、教学课件、教学视频、校内实训基地、全站仪、GPS等工程测量专用工具及通用测量仪器设备，工程测量规范
			任务二　实施过程	利用水准仪，在教师指导下完成水准路线的测量	2	
			任务三　数据整理、计算	计算所测数据，判断所测数据是否满足精度要求		
3	项目三 闭合水准测量	**知识：** 理解和掌握水准测量路线选择的方法、能够利用所学知识独立完成闭合水准路线施测及数据计算 **技能：** 1. 能够小组独立完成水准路线的施测 2. 能够完成测站检核 3. 数据记录规范、整洁 4. 能够对所测数据进行正确计算、检核 **素质：** 培养学生团队协作精神和敬岗、爱岗、诚信的品质及严谨的工作态度	任务一　布置测量任务、安排测区	能够在测区范围内，用最少的点布设水准路线	2	一体化教室、教学课件、教学视频、经纬仪、全站仪等工程测量专用工具及通用测量仪器设备，工程测量规范、校内实训基地
			任务二　实施过程	能够小组成员互相讨论，小组独立完成测量任务，教师辅助	2	
			任务三　数据整理、计算	对数据精度做出正确评价，能够找到误差超限的原因		

续上表

序号	项目	能力要求	工作过程	教学活动设计	参考学时	教学资源
4	项目四 水准测量数据处理	**知识：** 理解和掌握水准三项检核的意义，通过检核提高观测质量，评定观测精度 **技能：** 1. 了解水准测量误差来源，学会降低误差的方法 2. 掌握测站检核、计算检核、成果检核的方法 3. 判断产生的误差是否为粗差 4. 对误差进行分配 **素质：** 培养学生团队协作精神和敬岗、爱岗、诚信的品质及严谨的工作态度	任务一　精度评定	了解水准测量误差的来源；能够评定观测值是否满足精度要求	2	一体化教室、校内实训基地、全站仪等工程测量专用工具及通用测量仪器设备、教学课件、教学视频、工程测量规范
			任务二　成果数据解算	能够对水准测量产生的误差进行配赋；掌握减弱去误差、提高精度的方法	2	
5	项目五 支导线测量	**知识：** 理解和掌握导线测量的意义、导线网的布设形式以及导线点测量的方法 **技能：** 1. 能够熟悉经纬仪操作方法，学会使用经纬仪观测角度并判断所测数据正确与否 2. 能够熟悉距离测量方法，能够利用经纬仪等仪器测量距离并判断所测数据正确与否 3. 能够根据已知数据推算方位角 4. 能够利用所测角度、距离数据计算出点的坐标 5. 掌握如何判断数据对错 **素质：** 培养学生团队协作精神和敬岗、爱岗、诚信的品质及严谨的工作态度	任务一　作业区域划分、选择控制点	了解和熟悉测区基本情况； 选择点，了解导线点的类型，地面点标识的方法	4	一体化教室、校内实训基地、全站仪等工程测量专用工具及通用测量仪器设备、教学课件、教学视频、工程测量规范
			任务二　实施过程	利用经纬仪或全站仪，在教师指导下，完成角度、距离的丈量；能够正确判断外业观测数据的正确性	2	
			任务三　数据整理、计算	掌握方位角的推算方法；根据所测数据，完成支导线的坐标计算	2	
6	项目六 附和导线测量	**知识：** 理解和掌握附合导线测量的意义、附合导线网的布设形式以及附合导线点测量的方法 **技能：** 1. 能够熟悉经纬仪操作方法，学会使用经纬仪观测角度并判断所测数据正确与否 2. 能够熟悉距离测量方法，能够利用经纬仪等仪器测量距离并判断所测数据正确与否 3. 能够根据已知数据推算方位角，通过方位角推算值判断计算是否正确 4. 能够利用所测角度、距离数据计算出点的坐标 5. 对算出的点坐标进行精度平定 **素质：** 培养学生团队协作精神和敬岗、爱岗、诚信的品质及严谨的工作态度	任务一　作业区域划分、选择控制点	了解和熟悉测区基本情况； 了解导线点的类型；掌握选点方法及注意事项；地面点标识的方法	2	一体化教室、校内实训基地、全站仪等工程测量专用工具及通用测量仪器设备、教学课件、教学视频、工程测量规范
			任务二　实施过程	利用经纬仪或全站仪，在教师引导下，完成角度、距离的丈量；能够正确判断外业观测数据的正确性	4	
			任务三　数据整理、计算	掌握方位角的推算方法；根据所测数据，完成附合导线的坐标计算	2	

续上表

序号	项目	能力要求	工作过程	教学活动设计	参考学时	教学资源
7	项目七 闭和导线测量	**知识：** 理解和掌握导线测量的意义、导线网的布设形式以及导线点测量的方法 **技能：** 1. 能够通过小组讨论完成导线点的选择 2. 能够利用经纬仪、全站仪等仪器观测角度并判断所测数据正确与否 3. 能够熟悉距离测量方法，能够利用经纬仪或全站仪等仪器测量距离并判断所测数据正确与否 4. 能够根据已知数据推算方位角，通过方位角推算值判断计算是否正确 5. 学会使用计算器快捷命令完成坐标计算 6. 能够利用所测角度、距离数据计算出点的坐标 7. 对算出的点坐标进行精度平定 **素质：** 培养学生团队协作精神和敬岗、爱岗、诚信的品质及严谨的工作态度	任务一　作业区域划分、选择控制点	了解和熟悉测区基本情况； 了解导线点的类型；掌握选点方法及注意事项；地面点标识的方法	2	一体化教室、校内实训基地、全站仪等工程测量专用工具及通用测量仪器设备、教学课件、教学视频、工程测量规范
			任务二　实施过程	利用经纬仪或全站仪，在教师引导下，完成角度、距离的丈量；能够正确判断外业观测数据的正确性	2	
			任务三　数据整理、计算	掌握方位角的推算方法；根据所测数据，完成支导线的坐标计算	2	
8	项目八 导线测量数据处理	**知识：** 了解各级导线应满足的规范要求；能够对经纬仪进行检验；了解导线测量的误差来源，掌握降低误差、提高精度的方法 **技能：** 1. 判断角度观测值、距离观测值的正确性 2. 掌握导线角度闭合差与坐标增量闭合差的计算方法 3. 通过导线全长闭合差的计算判断数据的正确性 4. 对横、纵坐标增量闭合差进行误差配赋 **素质：** 培养学生团队协作精神和敬岗、爱岗、诚信的品质及严谨的工作态度	任务一　判断观测值的正确性	掌握角度观测值的评定方法；掌握距离观测值的评定方法；能够熟练计算导线全长闭合差	2	一体化教室、校内实训基地、全站仪等工程测量专用工具及通用测量仪器设备、教学课件、教学视频、工程测量规范
			任务二　误差配赋	掌握角度闭合差的调整方法；掌握坐标增量闭合差的调整	4	

续上表

序号	项目	能力要求	工作过程	教学活动设计	参考学时	教学资源
9	项目九 平面控制测量	**知识：** 了解平面控制测量的意义，了解国家一、二、三、四等导线的分类依据及使用范围 **技能：** 1. 测区平面控制网的建立 2. 根据网的等级确定作业方法，使用的仪器种类、等级 3. 根据测区形状、控制点的情况，确定网的布设方法 4. 对测区平面控制点进行外业观测 5. 计算控制点坐标，并进行误差配赋 **素质：** 培养学生团队协作精神和敬岗、爱岗、诚信的品质及严谨的工作态度	任务一　测区划定、选点、准备仪器设备	选择测区，根据测区形状、已知点数量等确定控制网的布设形式；在测区布设控制点，编写点之计	2	一体化教室、校内实训基地、全站仪等工程测量专用工具及通用测量仪器设备、教学课件、教学视频、工程测量规范
			任务二　实施过程	利用全站仪进行外业观测； 利用全站仪的导线平差功能评定外业观测精度，判断是否符合精度要求	2	
			任务三　精度评定、误差配赋	对全站仪观测的坐标进行误差计算，计算横纵坐标增量；计算导线全长闭合差；判断精度；误差配赋；确定控制点坐标	2	
10	项目十 高程控制测量	**知识：** 了解高程控制测量的意义及方法，了解国家一、二、三、四等高程测量的分类依据及使用范围 **技能：** 1. 测区高程控制网的建立 2. 根据网的等级确定作业方法，使用的仪器种类、等级 3. 根据测区形状、控制点的情况，确定网的布设方法 4. 对测区高程控制点进行外业观测 5. 计算控制点高程值，并进行误差配赋 **素质：** 培养学生团队协作精神和敬岗、爱岗、诚信的品质及严谨的工作态度	任务一　测区划定、选择高程控制点	选择测区，根据测区形状、已知点数量等确定高程控制网的布设形式；在测区布设高程控制点，编写点之计	2	一体化教室、校内实训基地、全站仪等工程测量专用工具及通用测量仪器设备、教学课件、教学视频、工程测量规范
			任务二　实施过程	利用水准仪进行外业观测； 注意进行测站检核；注意前后视距差、基辅尺读数差等每站检核项目		
			任务三　精度评定、误差配赋	对外业观测的数据进行计算，熟练掌握计算检核与成果检核方法	2	

续上表

序号	项目	能力要求	工作过程	教学活动设计	参考学时	教学资源
11	项目十一 大比例尺地形图测绘	**知识：** 了解测图比例尺的分类；掌握比例尺精度的概念及使用方法 **技能：** 1. 能够通过比例尺计算比例尺精度 2. 熟练掌握坐标格网的绘制 3. 掌握测区控制点的展绘方法 4. 利用外业观测数据绘制地形图 5. 观测控制点高程数据 6. 图幅整饰 **素质：** 培养学生团队协作精神和敬岗、爱岗、诚信的品质及严谨的工作态度	任务一　测图前的准备工作	图纸的准备；坐标格网的绘制；展绘控制点	2	一体化教室、校内实训基地、全站仪等工程测量专用工具及通用测量仪器设备、教学课件、教学视频、工程测量规范
			任务二　绘制地形图	确定绘制比例尺；计算比例尺精度；外业数据观测；绘制碎部点；连接碎部点，完成地形图绘制	2	
			任务三　图幅整饰	检查图幅中的错误并加以改正；填写图名图号及图幅注记，图幅拼接，纠正误差	2	
12	项目十二 公路施工放样	**知识：** 掌握平曲线测设元素的计算；掌握里程桩号推算方法；能够将测设的数据在实地进行放样 **技能：** 1. 能够进行曲线元素计算 2. 熟练掌握曲线放样方法 3. 掌握公路中线测量方法 4. 掌握中、基平测量数据的计算方法 5. 评定中、基平测量测量的观测精度 **素质：** 培养学生团队协作精神和敬岗、爱岗、诚信的品质及严谨的工作态度	任务一　选线	教师选择合适的交点，选择一段路线，学生利用仪器观测各交点的角度及距离；推算各交点的里程桩号	2	一体化教室、校内实训基地、全站仪等工程测量专用工具及通用测量仪器设备、教学课件、教学视频、工程测量规范
			任务二　配曲线	根据交点的转角，根据教师指导，选择合适半径，配赋曲线，在实地放样曲线	2	
			任务三　中线测量	在选定的路线打中桩，布设基平水准点，利用基平水准点，观测各中桩点的高程；内业计算，评定精度	2	
机动					2	
合计					72	

注：由于第一学期与第二学期课时量略有不同，教师可根据总课时量微调参考学时。

四、实施建议

(一)教材选用和编写建议

1. 教材选用

必须依据本课程标准编写教材,教材应充分体现任务引领、实践导向的课程设计思想。教材应将本专业职业活动分解成若干典型的工作项目,按完成工作项目的需要和岗位操作规程,结合职业技能证书考证组织教材内容。要通过自行编制工程项目的施工方案、工地现场参观施工组织与各生产要素管理等,运用所学知识进行评价,引入必需的基本理论知识,增加实践内容,强调理论在实践过程中的应用。教材应图文并茂,提高学生的学习兴趣,加深学生对工程测量的认识和理解。教材表达必须精炼、准确、科学。教材内容应体现先进性、通用性、实用性,要将工程测量的新方法、新仪器及时地补充到教材中,使其更适合本专业的发展和实际需求。

2. 教学方法

在教学过程中,应立足于加强学生实践能力的培养,采用项目教学,以工作技能引领课程教学,提高学生学习兴趣,激发学生的成就动机。本课程教学的关键是实训教学,在教学过程中,教师示范、工地工程师讲解和学生分组讨论、训练互动,学生提问与老师解答、工程师指导有机结合,让学生在“教”与“学”过程中,熟练掌握常规仪器的操作方法及施工放样方法。在教学过程中,应加大实践的容量,要紧密结合职业技能证书的考证,加强考证的实操项目训练,在实践过程中,使学生掌握施工测量的程序与原则,提高学生的岗位适应能力。在教学过程中,应用多媒体等辅助教学,帮助学生熟悉工地现场施工过程组织及各生产要素管理的要点。教学过程中教师应积极引导学生提升职业素养,提高职业道德。

3. 教学评价

改革传统的学生评价手段和方法,采用阶段评价、过程性评价与目标评价相结合、理论与实践一体化评价模式。关注评价的多元性,结合课堂纪律及提问、学生作业、平时测验、实践操作、考试情况,综合评价学生成绩。多给学生创造工地实践教学的机会,让他们多看、多听、多问、多了解实际的施工组织与管理,全面综合评价学生能力。

(二)教学建议

1. 对教师的建议

本课程是一门专业基础课,在整个专业过程中起着承上启下的作用,既涉及力学与结构的内容,也涉及目前国内外先进施工技术问题,还涉及承载力计算等问题,知识点非常多,涉及范围广泛且难度较大。因此教师必须对所讲内容有准确清晰的认识,同时应当具有一定教学经验。建议教师经常组织交流与探讨,使课程更具趣味性和实用性。

同时教师要善于学习并掌握工作过程课程设计理念和基于行动导向的教学模式;应当认真学习并掌握多种先进的教学方法,并应当积极在课堂上实践先进的教学方法。教师还应当具有良好的职业道德和责任心。

2. 教学组织设计的建议

本课程理论居多,所以要将课堂教学形式进行改革。课堂教学采用传统板书与多媒体课件、力学模型相结合的方法,讲透重点,以点带面,切实做到少而精,概念和原理融会贯通,较好地发挥现代化教学手段的优势。利用多媒体课件生动再现工程实例及工程中构件的受力与变形,通过动画演示和力学模型使课堂教学形象生动,同时达到启发式教学效果,调动学生学习的积极性,做到教学内容、教学方法及教学手段的有机结合。

(三)教学考核评价建议

评价是教学过程中必不可少的环节,是教师了解教学过程、调控教学行为的重要手段。教学评价的目的在于了解学生的学习状况、发现教学中的缺陷,为改进教学提供依据。

(1)改革传统的学生评价手段和方法,采用阶段评价、过程性评价与目标评价相结合、项目评价、理论与实践一体化评价模式。

(2)关注评价的多元性,结合课堂提问、学生作业、平时测验、实验实训、技能竞赛及考试情况,综合评价学生成绩。

(3)注重学生动手能力和实践中分析问题能力、解决问题能力的考核,对在学习和应用上有创新的学生应予特别鼓励,全面综合评价学生能力。

(四)课程资源的开发与利用

课程资源是决定课程目标是否有效达成的重要因素。课程资源应该具有开放性的特点,适应于学生的自主学习和主动探究。

1. 大力开发和充分利用课程资源

必须大力开发与课程相关的教学设计、学习评价表、教学课件、教学视频等教学资源。

2. 进一步加强信息技术资源开发

完善课程资源,加强工程结构用软件开发设计,开发网络课程,进一步丰富课程信息技术资源,使之更加适合学生的自主学习。

(五)其他说明

本课程标准主要适用于新疆交通职业技术学院城市轨道交通工程技术专业。

课程5　轨道工程测量

课程名称:轨道工程测量
课程性质:专业基础课
建议学时:72 学时
适用专业:城市轨道交通工程技术

一、前言

(一)课程定位

本课程是城市轨道交通工程技术专业核心课,是城市轨道交通工程技术专业学生一项不可缺少的专业能力培养课。通过本课程的学习,为后继课程提供必要的测绘能力,培养学生控制测量、数字化测图、数据建库、工程施工测量等基本测绘实践技能。

本课程的先修课程为工程图绘制与识读,本课程的后续课程为施工组织与概预算和城市轨道交通轨道施工技术。

(二)设计思路

近年来,测绘技术在国民经济与社会发展进程中扮演着越来越重要的角色。区域经济开发,基础设施建设,数字城市的建设与管理,各种重大疫情、灾情的监控与防范、指挥决策等,都离不开测绘技术的重要支撑。

轨道工程测量是工程测量的一个分支,是研究城市轨道交通工程和工程环境在建设和运营期间基础测绘、施工测量、变形监测等数据的采集、测设、处理、分析及测绘工作管理的理论和技术。

进入21世纪以来,我国城市轨道交通建设步入了快速发展的轨道,与此需求相适应,轨道工程测量技术也在不断完善、创新和进步,这为城市轨道交通工程技术专业的毕业生拓宽就业渠道带来了新的契机。

教学过程中,要通过校企合作、校内实训基地建设等多种途径,采取工学结合等形式,充分开发学习资源,给学生提供丰富的实践机会。教学效果评价采取过程评价与结果评价相结合的方式,通过理论与实践相结合,重点评价学生的职业能力。

二、课程目标

(一)知识目标

(1)掌握测量的三项基本技能。

(2)掌握建筑场地平整测量的方法。

(3)掌握房屋建筑的放样方法。

(4)掌握线路纵横断面测量及土方量计算的方法。

(5)掌握直线、圆曲线、缓和曲线的中桩、边桩坐标计算及放样方法。

(6)熟悉非完整曲线的中桩、边桩坐标计算及放样方法。

(7)掌握竖曲线、超高计算及高程放样方法。

(8)掌握桥梁控制网的布设、外业测量方法。

(9)掌握桥梁放样方法。

(10)掌握隧道断面测量的方法。

(11)熟悉隧道控制网的布设、测量。

(12)掌握隧道断面测量的方法。

(13)掌握隧道监控量测的方法。

(14)熟悉 CP0、CPⅠ、CPⅡ控制网的布设、观测方法。

(15)掌握 CPⅢ控制网建立、外业观测和数据处理方法。

(16)掌握 CPⅣ控制网建立、外业观测和数据处理方法。

(17)掌握高铁变形监测技术设计、外业观测及数据处理方法。

(18)掌握轨排粗调、精调,板式无砟轨道板粗调、精调的方法。

(19)掌握轨道精调的方法。

(二)技能目标

(1)能进行角度测量、距离测量与高程测量。

(2)能进行建筑场地平整测量。

(3)能进行房屋建筑的放样。

(4)具备线路纵、横断面测量及土方量计算的能力。

(5)具备直线、圆曲线、缓和曲线的中桩、边桩坐标计算及放样的能力。

(6)具备竖曲线、超高计算及高程放样的能力。

(7)具备桥梁控制网布设、测量的能力。

(8)具备桥梁测量放样的能力。

(9)具备隧道控制网布设、测量的能力。

(10)具备隧道断面测量的能力。

(11)具备隧道监控量测的能力。

(12)能熟练运用水准仪、全站仪、RTK 等仪器的能力。

(13)能进行 CPⅠ、CPⅡ的外业观测及数据处理。

(14)能够进行 CPⅢ、CPⅣ测量及数据处理。

(15)能进行高铁构筑物变形监测技术设计、外业观测及数据处理。

(16)能进行双块式轨排粗调、精调测量。

(17)能进行板式无砟轨道的精调、精调测量。

(18)能进行轨道精调测量。

(19)具备理解规范、标准的能力。

(20)具备检查原始观测数据、复核测量成果、判断的能力。

(21)具备制订、实施工作计划的能力。

(三)素质目标

(1)具备团队协作的能力。

(2)具备吃苦耐劳、拼搏争先的精神。

(3)具备爱岗敬业、诚实守信的职业道德。

三、课程内容与要求(表 2-6)

四、实施建议

(一)教材选用和编写建议

1. 教材选用

本课程教材建议使用人民交通出版社出版、王劲松主编的《轨道工程测量》。

2. 教材编写原则与要求

尚需编写教材。编写适用的教材时,内容应该与本课程的编排模块基本一致,容量上应该至少多于规定课时大约 10 课时的内容,这部分的内容主要用于学生课外阅读与自行提升。

依据本课程标准编写教材,应充分体现任务引领、实践导向课程的情境设计思想,按照施工的工艺流程分解成若干工作任务,并对各任务阶段可能出现的施工缺陷进行分析,详细指出规避缺陷的方法。

教材应图文并茂,提高学生的学习兴趣,加深学生对材料实验的认识和理解。教材中实训部分应附有相应动画和视频。

教材内容应体现先进性、通用性、实用性、适用性,要将本专业新技术、新工艺、新设备、新材料及时纳入教材中,使教材更贴近本专业的发展和专业技能的需要。

3. 教材、教学参考资料使用建议

由于铁路行业施工技术规范及标准不断更新,新材料、新工艺、新技术、新设备的使用也在不断探索,所以在选择参考资料时,应注意采用新标准,及“四新”的知识更新。

主要参考书及参考资料:

(1)秦长利,地铁工程测量,中国建筑工业出版社,2008 年出版。

(2)张志刚,线桥隧测量,西南交通大学出版社,2008 年出版。

(3)王兆祥,铁道工程测量,中国铁道出版社,2002 年出版。

(4)周建郑,铁道工程测量,化学工业出版社,2007 年出版。

(5)张坤宜,交通土木工程测量,武汉大学出版社,2003 年出版。

(6)中华人民共和国国家标准,地铁工程测量规范(GB 50308—2008),中国计划出版社,2008 年出版。

(7)中华人民共和国国家标准,工程测量规范(GB 50026—2007),中国计划出版社,2007 年出版。

(8)中华人民共和国行业标准,新建铁路工程测量规范(TB 10101—99),中国铁道出版社,1999 年出版。

表 2-6

轨道工程测量课程内容与要求

<table>
<tr><th>序号</th><th>项　　目</th><th>能 力 要 求</th><th>工 作 过 程</th><th>教学活动设计</th><th>参考学时</th><th>教 学 资 源</th></tr>
<tr><td rowspan="3">1</td><td rowspan="3">点的测设</td><td rowspan="3">知识：
1. 掌握三项测量基本知识
2. 掌握仪器操作方法
3. 掌握点的放样方法
技能：
1. 能进行侧边操作
2. 能进行测角操作
3. 能进行高程测量
4. 能够进行点的放样
素质：
1. 培养较强的学习能力、动手能力、合作能力
2. 养成科学的工作模式，工作有思想性、建设性、整体性</td><td>测边、测角、测高程的基本方法</td><td>给定侧边、测角、测高程任务；利用全站仪、水准仪等相关仪器进行基础测量</td><td rowspan="2">2</td><td rowspan="3">1. 测量设备
2. 地隧软件
3. 资源库
4. 轨道实训基地</td></tr>
<tr><td>全站仪设站的方法</td><td>给定测量数据和场地要求，布置任务；进行全站仪设站，利用角度交会、极坐标、后方交会等方法进行</td></tr>
<tr><td>点位放样的方法</td><td>1. 布置点放样任务
2. 进行点放样，采用极坐标法、直角坐标法、偏角法等</td><td>2</td></tr>
<tr><td rowspan="6">2</td><td rowspan="6">工程复测</td><td rowspan="6">知识：
1. 了解控制网布设方法
2. 掌握控制网复测方法
3. 掌握 CP0、CPⅠ、CPⅡ及导线测量方法和数据处理方法
4. 掌握断面测量方法和数据处理方法
技能：
1. 能够选择正确的仪器和测量方法进行控制网复测
2. 能够进行 CP0、CPⅠ、CPⅡ及导线测量
3. 能够利用设备进行断面测量和数据分析
素质：
1. 培养现代的文化模式——主体意识、超越意识、契约意识
2. 培养较强的学习能力、动手能力、合作能力、创业能力
3. 养成科学的工作模式，工作有思想性、建设性、整体性</td><td rowspan="3">控制网复测</td><td>给定某标段的控制网，布置测量任务</td><td>1</td><td rowspan="6">1. 测量设备
2. 地隧软件
3. 资源库
4. 轨道实训基地</td></tr>
<tr><td>利用 CP0、CPI、CPII 及导线测量方法进行复测</td><td>2</td></tr>
<tr><td>数据处理及教师评价</td><td>1</td></tr>
<tr><td rowspan="3">断面测量</td><td>给定某标段的线路段落，布置断面测量任务</td><td>1</td></tr>
<tr><td>按照纵、横断面的测量方法测量断面，进行内业成图</td><td>2</td></tr>
<tr><td>数据处理及教师评价</td><td>1</td></tr>
<tr><td rowspan="6">3</td><td rowspan="6">建筑施工测量</td><td rowspan="6">知识：
1. 掌握建筑场地平整测量的方法
2. 掌握建筑物定位放线的方法
技能：
1. 能熟练、正确使用激光垂准仪和激光扫平仪
2. 能进行建筑场地平整测量
3. 能进行建筑物定位放线工作
素质：
1. 培养认真的学习态度及解决实际问题的能力
2. 具备综合分析问题、解决实际问题的能力</td><td rowspan="3">建筑物定位放线</td><td>布置任务</td><td rowspan="2">1</td><td rowspan="6">1. 测量设备
2. 地隧软件
3. 资源库
4. 轨道实训基地</td></tr>
<tr><td>根据要求，对建筑场地进行方格网的布设和高程测量</td></tr>
<tr><td>教师评价</td><td>1</td></tr>
<tr><td rowspan="3">高程控制测量</td><td>布置任务</td><td rowspan="2">1</td></tr>
<tr><td>根据要求，进行建筑基础施工放样、建筑物轴线投测及高程传递工作</td></tr>
<tr><td>教师评价</td><td>1</td></tr>
</table>

续上表

<table>
<tr><th>序号</th><th>项　目</th><th>能 力 要 求</th><th>工 作 过 程</th><th>教学活动设计</th><th>参考学时</th><th>教 学 资 源</th></tr>
<tr><td rowspan="5">4</td><td rowspan="5">线路测量</td><td rowspan="5">知识：
1. 能阅读曲线要素表
2. 能计算线路中桩、边桩坐标
3. 掌握全站仪、RTK 中桩放样方法
4. 掌握全站仪、RTK 渐近法边桩放样方法
5. 掌握竖曲线计算方法
技能：
1. 能阅读曲线要素表
2. 能计算线路中桩、边桩坐标
3. 能进行全站仪、RTK 中桩放样
4. 能进行全站仪、RTK 渐近法边桩放样方法
5. 能进行竖曲线计算
素质：
1. 培养认真的学习态度及解决实际问题的能力
2. 具备综合分析问题、解决实际问题的能力</td><td rowspan="2">曲线中边桩坐标计算</td><td>布置任务</td><td rowspan="2">1</td><td rowspan="5">1. 测量设备
2. 地隧软件
3. 资源库
4. 轨道实训基地</td></tr>
<tr><td>利用曲线要素表、CASIO 可编程计算器进行曲线中边桩坐标计算</td></tr>
<tr><td rowspan="3">中边桩及高程放样</td><td>布置任务</td><td>1</td></tr>
<tr><td>利用水准仪、全站仪、RTK 进行放样</td><td>2</td></tr>
<tr><td>教师评价</td><td>1</td></tr>
<tr><td rowspan="9">5</td><td rowspan="9">桥梁测量</td><td rowspan="9">知识：
掌握桥梁细部结构坐标计算及放样的方法
技能：
1. 能进行桥梁控制网加密及测量
2. 能进行桥梁控制网的加密
3. 能对桥梁细部结构进行放样
素质：
1. 培养认真的学习态度及解决实际问题的能力
2. 具备综合分析问题、解决实际问题的能力</td><td rowspan="3">桥梁独立控制网的测设</td><td>布置任务</td><td rowspan="2">2</td><td rowspan="9">1. 测量设备
2. 地隧软件
3. 资源库
4. 轨道实训基地</td></tr>
<tr><td>对某桥梁的控制网进行控制网加密及测量</td></tr>
<tr><td>教师评价</td><td>1</td></tr>
<tr><td rowspan="3">桥梁下部结构的坐标计算及放样</td><td>布置任务</td><td rowspan="2">2</td></tr>
<tr><td>结合各种方法、工具对桥梁的下部结构进行坐标计算及放样</td></tr>
<tr><td>教师评价</td><td>1</td></tr>
<tr><td rowspan="3">桥梁上部结构的坐标计算及放样</td><td>布置任务</td><td rowspan="2">2</td></tr>
<tr><td>结合各种方法、工具对桥梁的上部结构进行坐标计算及放样</td></tr>
<tr><td>教师评价</td><td>1</td></tr>
<tr><td rowspan="3">6</td><td rowspan="3">隧道测量</td><td rowspan="3">知识：
1. 掌握隧道控制测量的方法
2. 掌握隧道断面放样的方法
技能：
1. 能进行隧道控制测量
2. 能进行隧道断面放样</td><td rowspan="3">隧道洞外、洞内控制测量</td><td>布置任务</td><td>1</td><td rowspan="3">1. 测量设备
2. 地隧软件
3. 资源库
4. 轨道实训基地</td></tr>
<tr><td>对隧道实体进行洞外 GPS 控制测量、洞内导线加密</td><td>2</td></tr>
<tr><td>教师评价</td><td>1</td></tr>
</table>

续上表

<table>
<tr><th>序号</th><th>项　目</th><th>能 力 要 求</th><th>工 作 过 程</th><th>教学活动设计</th><th>参考学时</th><th>教 学 资 源</th></tr>
<tr><td rowspan="3">6</td><td rowspan="3">隧道测量</td><td rowspan="3">素质：
1. 培养认真的学习态度及解决实际问题的能力
2. 具备综合分析问题、解决实际问题的能力</td><td rowspan="3">隧道断面测量</td><td>布置任务</td><td rowspan="2">1</td><td rowspan="3">1. 测量设备
2. 地隧软件
3. 资源库
4. 轨道实训基地</td></tr>
<tr><td>根据具体的施工工艺对隧道实体内特定断面进行坐标计算并放样</td></tr>
<tr><td>教师评价</td><td>1</td></tr>
<tr><td rowspan="6">7</td><td rowspan="6">CPIII 测量</td><td rowspan="6">知识：
1. 掌握 CPⅢ点位布设、观测方法
2. 掌握 CPⅢ数据处理方法
技能：
1. 能进行 CPⅢ外业观测
2. 能进行 CPⅢ数据处理
素质：
1. 培养认真的学习态度及解决实际问题的能力
2. 具备综合分析问题、解决实际问题的能力</td><td rowspan="3">CPⅢ的外业观测</td><td>布置任务</td><td>1</td><td rowspan="6">1. 测量设备
2. 地隧软件
3. 资源库
4. 轨道实训基地</td></tr>
<tr><td>对实训基地的 CPⅢ点进行外业观测</td><td>2</td></tr>
<tr><td>教师评价</td><td>1</td></tr>
<tr><td rowspan="3">CPⅢ数据处理</td><td>布置任务</td><td>1</td></tr>
<tr><td>对 CPⅢ外业采集数据，利用后处理软件进行平差、处理、分析</td><td>2</td></tr>
<tr><td>教师评价</td><td>1</td></tr>
<tr><td rowspan="6">8</td><td rowspan="6">CPⅣ测量</td><td rowspan="6">知识：
1. 掌握 CPⅣ点位布设、观测方法
2. 掌握 CPⅣ数据处理方法
技能：
1. 能进行 CPⅣ外业观测
2. 能进行 CPⅣ数据处理
素质：
1. 培养认真的学习态度及解决实际问题的能力
2. 具备综合分析问题、解决实际问题的能力</td><td rowspan="3">CPⅣ的外业观测</td><td>布置任务</td><td rowspan="2">1</td><td rowspan="6">1. 测量设备
2. 地隧软件
3. 资源库
4. 轨道实训基地</td></tr>
<tr><td>对实训基地的 CPⅣ点进行外业观测</td></tr>
<tr><td>教师评价</td><td>1</td></tr>
<tr><td rowspan="3">CPⅣ数据处理</td><td>布置任务</td><td>1</td></tr>
<tr><td>对 CPⅣ外业采集数据，利用后处理软件进行平差、处理、分析</td><td>2</td></tr>
<tr><td>教师评价</td><td>1</td></tr>
<tr><td rowspan="6">9</td><td rowspan="6">双块式无砟轨道测量</td><td rowspan="6">知识：
1. 掌握 CPⅢ点位布设、观测方法
2. 掌握 CPⅢ数据处理方法
技能：
1. 能进行 CPⅢ外业观测
2. 能进行 CPⅢ数据处理
素质：
1. 培养认真的学习态度及解决实际问题的能力
2. 具备综合分析问题、解决实际问题的能力</td><td rowspan="3">底座边线放样</td><td>布置任务</td><td>1</td><td rowspan="6">1. 测量设备
2. 地隧软件
3. 资源库
4. 轨道实训基地</td></tr>
<tr><td>通过给定的设计图纸，进行坐标计算，再进行底座边线放样</td><td>2</td></tr>
<tr><td>教师评价</td><td>1</td></tr>
<tr><td rowspan="3">轨排粗调、精调</td><td>布置任务</td><td rowspan="2">1</td></tr>
<tr><td>对实训基地的轨排进行粗调、精调测量</td></tr>
<tr><td>教师评价</td><td>1</td></tr>
</table>

续上表

<table>
<tr><th>序号</th><th>项　目</th><th>能力要求</th><th>工作过程</th><th>教学活动设计</th><th>参考学时</th><th>教学资源</th></tr>
<tr><td rowspan="6">10</td><td rowspan="6">板式无碴轨道测量</td><td rowspan="6">知识：
1. 底座边线放样方法
2. 板式无碴轨道的粗调、精调
技能：
1. 能底座边线放样
2. 能进行板式无碴轨道的粗调、精调
素质：
1. 培养认真的学习态度及解决实际问题的能力
2. 具备综合分析问题、解决实际问题的能力</td><td rowspan="3">底座边线放样</td><td>布置任务</td><td>1</td><td rowspan="6">1. 测量设备
2. 地隧软件
3. 资源库
4. 轨道实训基地</td></tr>
<tr><td>通过给定的设计图纸，进行坐标计算，再进行底座边线放样</td><td>2</td></tr>
<tr><td>教师评价</td><td>1</td></tr>
<tr><td rowspan="3">轨道板粗调、精调</td><td>布置任务</td><td>1</td></tr>
<tr><td>对实训基地的轨道板进行粗调、精调测量</td><td>2</td></tr>
<tr><td>教师评价</td><td>1</td></tr>
<tr><td rowspan="3">11</td><td rowspan="3">钢轨精调测量</td><td rowspan="3">知识：
1. 底座边线放样方法
2. 板式无碴轨道的粗调、精调
技能：
1. 能底座边线放样
2. 能进行板式无碴轨道的粗调、精调
素质：
1. 培养认真的学习态度及解决实际问题的能力
2. 具备综合分析问题、解决实际问题的能力</td><td rowspan="3">钢轨精调测量</td><td>布置任务</td><td rowspan="2">1</td><td rowspan="3">1. 测量设备
2. 地隧软件
3. 资源库
4. 轨道实训基地</td></tr>
<tr><td>对实训基地的钢轨进行粗调、精调测量</td></tr>
<tr><td>教师评价</td><td>1</td></tr>
<tr><td rowspan="9">12</td><td rowspan="9">构筑变形监测</td><td rowspan="9">知识：
1. 路基变形监测方法
2. 桥梁变形监测方法
3. 隧道变形监测方法
技能：
1. 能进行路基变形监测及数据处理
2. 能进行桥梁变形监测及数据处理
3. 能进行隧道变形监测及数据处理
素质：
1. 培养认真的学习态度及解决实际问题的能力
2. 具备综合分析问题、解决实际问题的能力</td><td rowspan="3">路基变形监测</td><td>布置任务</td><td rowspan="2">1</td><td rowspan="9">1. 测量设备
2. 地隧软件
3. 资源库
4. 轨道实训基地</td></tr>
<tr><td>对实训基地进行路基变形监测及数据处理</td></tr>
<tr><td>教师评价</td><td>1</td></tr>
<tr><td rowspan="3">桥梁变形监测</td><td>布置任务</td><td rowspan="2">1</td></tr>
<tr><td>对实训基地进行桥梁变形监测及数据处理</td></tr>
<tr><td>教师评价</td><td>1</td></tr>
<tr><td rowspan="3">隧道变形监测</td><td>布置任务</td><td rowspan="2">1</td></tr>
<tr><td>对实训基地进行隧道变形监测及数据处理</td></tr>
<tr><td>教师评价</td><td>1</td></tr>
<tr><td colspan="5">合计</td><td colspan="2">72</td></tr>
</table>

(二)教学考核评价建议

项日教学课程的考核不完全排斥闭卷考试,但是仅依靠闭卷考试的形式体现不出技能和职业素质考核的要求,因此课程考核的闭卷考核形式只能检查学生完成一项工作任务应具备的相关知识,而技能和职业素质的考核则应采取课业、报告、方案设计等多种形式。评价采取小组评分与教师评价相结合的方式;突出学生自评的比重。

课程考核包括项目教学过程考核和项目教学理论考核两部分。其中:过程考核包括项目教学考核和项目作业成果考核。

第一,项目教学考核内容包括仪器操作能力、参与实习态度、数据处理能力、实习总结能力、上课出勤状况、课堂学习状况等,考核的目的是检验学生技能的掌握情况。具体考核办法为:仪器操作能力、参与实习态度、数据处理能力、实习总结能力、上课出勤状况、课堂学习状况各占10%。

第二,项目作业成果考核内容包括资料查阅能力、项目参与能力、方案参与工作量、作业完成状况等,考核的目的是动态地、及时地考核学生对基本知识点的掌握情况,督促学生配合小组工作,共同完成项目。具体考核办法为:资料查阅能力、项目参与能力、方案参与工作量、作业完成状况各占10%。

项目教学理论考核为综合测试,综合测试题从题库中选择,题型包括选择题、名词解释题、简答题、论述题及案例分析题,主要考核学生对所学知识的综合应用能力。

(三)课程资源的开发与利用

(1)注重课程资源和现代化教学资源的开发和利用,激发学生的学习兴趣,促进学生对知识的理解和掌握。同时,建议加强课程资源的开发,建立多媒体课程资源的数据库,实现资源共享,以提高课程资源利用效率。

(2)积极开发和利用网络课程资源,使教学方式和教学手段更加趋向合理。

(3)校企合作,积极拓展实验教学资源建设,建立实习实训基地,实践"工学"交替,满足学生实习实训,同时为学生提供就业机会。

(4)完善校内实习实训基地建设,满足学生综合职业能力培养的要求。

(四)其他说明

(1)由于本课程是城市轨道交通工程技术专业的主要专业课之一,涉及内容广泛、基本理论复杂、工程实践性强,因此,要求学生课后必须安排足够的时间进行复习和巩固。

(2)随着课程改革的深入,为了让学生的学习更加贴近生产实际,满足新技术、新工艺、新规范的要求,应不断更新教学内容,使之与施工实践同步。

(3)本标准适用于新疆交通职业技术学院城市轨道交通工程技术专业。

课程6 建筑工程材料

课程名称：建筑工程材料
课程性质：专业基础课
建议学时：72学时
适用专业：城市轨道交通工程技术

一、前言

（一）课程定位

本课程是城市轨道交通工程技术专业的一门应用性与操作性很强的实践性专业核心课程，在城市轨道交通工程技术专业人才培养中起着支撑和核心作用。通过任务引领型的项目活动，掌握公路工程材料检测的技能和相关理论知识，对各类材料的制作工艺流程有一个基本了解，能够运用国家现行试验规范、规程、标准，承担各类工程的材料质量鉴定与常用混合材料组成设计等工作任务。为学生继续学习城市轨道交通桥梁施工技术、城市轨道交通轨道养护与管理、城市轨道交通隧道及地下工程施工技术等专业课程打下基础。同时养成诚实、守信、善于沟通和合作的良好品质，为发展职业能力奠定良好的基础。

（二）教学设计思路

建筑工程材料是高职高专城市轨道交通工程技术专业大部分学生就业后从事的工作岗位必须掌握的专业技能。本课程的作用是培养学生能够熟练完成原材料的检测、混合料的配合比设计、混合料的质量控制的能力。这些都是试验检测岗位最为重要的基本能力。

本课程立足于实际能力的培养，因此对课程内容的选择标准做了根本性改革，打破以知识传授为主要特征的传统学科课程模式，转变为以工作任务为中心组织课程内容和课程教学，让学生在完成具体项目的过程中构建相关理论知识并发展职业能力。经过行业、企业专家深入、细致、系统的分析，本课程最终确定了以下工作任务：砂石材料检测、胶凝材料检测、复合材料检测等几个学习项目。这些项目主要突出对学生职业能力的训练，其理论知识的选取紧紧围绕工作任务完成的需要来进行，同时又充分考虑了高等职业教育对理论知识学习的需要，并融合了相关职业资格证书对知识、技能和素质的要求。例如：材料试验检测员考试内容包含了“原材料的抽样”、“原材料常规技术性质检测”、“检测结果评价”、“混合料质量抽样”、“混合料常规技术性质检测”、“检测结果评价”等知识。但在实际工程中，由于新疆地理位置的特殊性，路基材料应完成易溶盐的检测分析，作为试验检测员更应该懂得如何为所服务项目选定合适的工程材料等。所以，本课程在选定内容时更多地考虑了服务区域经济，以满足不同的工程要求。需要说明的是，上述工作任务不是每个工程项目都需要，而是根据不同的工程项目选择相应的工作任务。因此，在实际工作中，要结合实际项目设计方案，选择合适的材料是非常重要的。总之，通过以上课程内容的训练学习和证书考试，以工作任务为中心，将不同类型的知识综合起来，实现理论与实践的一体化，有利于培养学生的综合应用知识的技能，以便有效地完成试验检测岗位相应的工作任务。

在课程设置过程中紧紧围绕以学生的就业为导向，根据行业专家对城市轨道交通工程技术专业所涵盖的岗位群进行任务和职业能力分析，以完成工作任务的需要来选择课程内容，设定职业能力培养目标；以“工作项目”为主线，创设工作情境；变学科型课程体系为任务引领型课程体系，紧紧围绕完成工作任务的需要来选择课程内容；变知识学科本位为职业能力本位，从“任务与职业能力”分析出发，设定课程能力培养目标；变书本知识的传授为动手能力的培养，以“工作项目”为主线，创设工作情境，结合职业技能证书考证，强化学生实践动手能力的培养，以实现职业能力的培养目标。为了充分体现任务引领、实践导向课程思想，本课程按照道路与桥涵施工中材料应用的工作任务进行课程内容选取。由教师讲授为主变为“学生为主体，专业活动为导向”，构建模块化课程内容。

二、课程目标

通过任务引领型的项目活动，了解和掌握公路工程所用材料试验检测方面的理论知识，具备实验操作技能和分析判断能力，知识内容包括砂石材料检测技术、胶凝材料检测技术、复合材料检测技术等；掌握建筑工程材料方面的基本原理、方法，能够熟练完成实际操作，具备分析判断能力。对各类材料的制作工艺流程有一个基本了解，能够承担各类工程的材料选择与鉴定等工作任务。同时，使学生养成诚实、守信、善于沟通和合作的良好品质，为发展职业能力奠定良好的基础。

（一）知识目标

（1）能够陈述原材料的抽样方法。

（2）能够准确地说出混合料的组成材料。

（3）能够准确地说出混合料中原材料的检测项目。

（4）能够准确地说出原材料检测的设备仪器的名称、操作方法。

（5）能够熟练陈述原材料的检测项目、其适用范围、相关的质量控制要点。

（6）能够陈述原材料的储存方法等。

（7）能准确陈述混合料配合比设计的基本原理。

（8）能熟练陈述混合料质量控制的原则与方法。

（二）技能目标

（1）能描述建设项目材料的分类。

（2）能进行试验数据的分析与处理。

（3）能根据施工技术规范编制建设项目的试验计划。

（4）能根据施工技术规范进行组成混合料的原材料质量鉴定。

（5）能根据施工技术规范进行施工项目中混合料的组成设计。

（6）能对混合料的质量进行控制。

（三）素质目标

培养学生具备吃苦耐劳、团结协作、勇于创新的精神。

三、课程内容与要求(表 2-7)

建筑工程材料课程内容与要求

表 2-7

序号	项目	能力要求	工作过程	教学过程设计	参考学时	教学组织方法及形式	教学资源
1	项目一 砂石材料	**知识：** 理解和掌握砂石材料及混凝土技术性质和技术要求 **技能：** 1. 掌握砂石材料组成材料检测方法 2. 掌握砂石材料组成材料的质量评定 **素质：** 培养团队精神，敬岗、爱岗、诚信的品质，严谨的工作态度和勇于创新的精神	查阅规范，确定试验项目	确定试验项目	2	1. 团队合作商讨，每个团队6人 2. 师生交流、互动	施工规范、试验规程
			编制试验计划	查阅试验规程，编制试验计划 讨论试验计划，教师评价	2		
			查阅试验规程确定试验方法	确定试验方法、合格指标值	2		
			砂石材料检测	1. 集料筛分试验 2. 集料密度试验 3. 集料空隙率试验 4. 石料抗压强度	18	1. 每个团队6人，一套试验仪器 2. 教师利用信息技术引导，学生动手试验 3. 师生相互总结	电脑、投影仪、规程规范和试验仪器
			质量评价	砂石材料质量鉴定	2		
2	项目二 胶凝材料	**知识：** 理解和掌握胶凝材料性质和技术要求 **技能：** 1. 掌握胶凝材料检测方法 2. 掌握胶凝材料的质量评定 **素质：** 培养团队精神，敬岗、爱岗、诚信的品质，严谨的工作态度和勇于创新的精神	查阅规范确定试验项目	查阅规范，确定试验项目	2	1. 团队合作商讨，每个团队6人 2. 师生交流、互动	施工规范、试验规程
			编制试验计划	1. 查阅试验规程，编制试验计划 2. 讨论试验计划，教师评价	2		
			查阅试验规程确定试验方法	确定试验方法、合格指标值	2		
			胶凝材料试验	1. 无机胶凝材料试验 2. 有机胶凝材料试验	12	1. 每个团队6人，1套试验仪器 2. 教师利用信息技术引导，学生动手试验 3. 师生相互总结	电脑、投影仪、规程规范和试验仪器
			胶凝材料的质量评定	评定胶凝材料质量	2	1. 团队合作商讨，每个团队6人 2. 师生交流、互动	规范、试验报告册

续上表

序号	项目	能力要求	工作过程	教学过程设计	参考学时	教学组织方法及形式	教学资源
3	项目三 复合材料	**知识：** 够理解和掌握复合材料性质和技术要求 **技能：** 1. 掌握复合材料检测方法 2. 掌握复合材料的配合比设计 3. 掌握复合材料的质量评定 **素质：** 培养团队精神，敬岗、爱岗、诚信的品质，严谨的工作态度和勇于创新的精神	查阅规范	确定计算步骤	2	1. 教师指导，每个团队6人 2. 教师利用信息技术引导，学生动手计算 3. 师生相互总结	电脑、投影仪、规程规范和试验仪器
			明确计算方法	1. 计算混凝土配合比 2. 计算沥青混合料配合比	6		
			配合比验证	1. 验证混凝土配合比 2. 验证沥青混合料配合比	4		
			编制试验计划	1. 查阅试验规程，编制试验计划 2. 讨论试验计划，教师评价	2		
			查阅试验规程确定试验方法	确定试验方法、合格指标值	2	1. 团队合作商讨，每个团队6人 2. 师生交流、互动	
			复合材料试验	1. 水泥混凝土试验 2. 沥青混合料试验	6	1. 每个团队6人，1套试验仪器 2. 教师利用信息技术引导，学生动手试验 3. 师生相互总结	
			复合材料的质量评定	评定复合材料质量	2	1. 团队合作商讨，每个团队6人 2. 师生交流、互动	
机动					2		
合计					72		

四、实施建议

（一）教材选用和编写建议

1. 教材选用

本课程主教材暂使用中国铁道出版社出版、由梁学忠主编的《工程材料》。

实践部分的训练暂用高秀梅主编的《公路工程材料检测技术实习指导书》《公路工程材料检测技术试验报告册》。

主要参考书：

（1）严家伋，道路建筑材料，人民交通出版社，1996 年出版。

（2）姜志青，道路建筑材料，人民交通出版社，2006 年出版。

2. 教材编写原则与要求

（1）教材应充分体现任务引领、实践导向的课程设计思想。

（2）教材应将本专业职业活动分解成若干典型的工作任务，按完成工作任务的需要和岗位操作规程，结合职业技能证书考证，组织教材内容。

（3）通过自行编制的任务指导书、观看混合料组成设计录像、工地现场参观并运用所学知识进行评价，引入必需的理论知识，增加实践实操内容，强调理论在实践过程中的应用。

（4）教材应图文并茂，提高学生的学习兴趣，加深学生对道路桥涵工程施工的认识和理解。教材表达必须精炼、准确、科学。

（5）教材内容只编入有关知识与理论，所有试验全部速印相应的试验规程，做到教材实用、通用而不落后。要将本专业新技术、新工艺、新材料以讲座的方式进行教学。

（6）教学内容由以下三块组成（表 2-8）。

教学内容模块　　表 2-8

知识模块	能力模块	扩展模块
水泥、砂石、土、沥青材料常规检测，由专职教师课堂讲授	以水泥混凝土、沥青混合料、稳定类材料配合比设计、土的工程分类为任务，结合实例，由专兼职教师在课堂和校内实训基地完成	以改性沥青质量检测和 SMA 沥青混合料配合比设计为任务，结合实例，由专兼职教师在课堂、校内和校外实训基地共同完成

3. 教学参考资料使用建议

教学参考资料建议使用《铁路工程土工试验规程》《铁路工程岩石试验规程》《铁路工程结构混凝土强度检测规程》等。

（二）教学建议

（1）在教学过程中，应立足于加强学生实际操作能力的培养，采用任务引领式教学，以工作任务引领提高学生学习兴趣，激发学生的成就动机。

（2）本课程教学的关键是“教、学、做一体化”“知识、理论和实践一体化”。在教学过程中，教师示范和学生分组讨论、训练互动，学生提问与教师解答、指导有机结合，让学生在“教”“学”“做”的过程中进行常用原材料及混合材料检测、常用混合材料组成设计。

（3）在教学过程中，要创设工作情境，同时加大实践实操的容量，要紧密结合职业技能证书的考证，加强考证的实操项目的训练，在实践实操过程中提高学生的岗位适应能力。要注意培养学生的相互协作能力与自我学习及自我工作能力。

（4）在教学过程中，要用多媒体、投影等教学资源辅助教学，帮助学生熟悉工地现场的施工过程及控制要点。

（5）在教学过程中，要重视本专业领域新技术、新工艺、新材料的发展趋势，贴近工地现场。为学生提供职业生涯发展的空间，努力培养学生参与社会实践的创新精神和职业能力。

（6）教学过程中教师应积极引导学生提升职业素养，提高职业道德。

（三）教学考核评价建议

（1）改革传统的学生评价手段和方法，采用阶段评价、过程性评价与目标评价相结合。完成每一个教学情境的任务后，要进行学生自我评价、组内互评和教师评价，评价内容包括实验实训成果、相互协作、自我学习、动手能力和实践中分析问题、解决问题能力等项目，以评价结果作为该教学情境的考核分数。

（2）平时成绩结合课堂提问、平时测验、学生作业、技能竞赛及考试情况。

（3）对在学习和应用上有创新的学生应予特别鼓励，全面综合评价学生能力。

（4）本课程的总评成绩 = 平时成绩 + 团队协作 + 完成教学情境工作任务平均成绩 + 期末考试成绩。其中平时成绩占 10%、团队协作占 20%、完成教学情境工作任务平均成绩占 30%、期末考试成绩占 40%。

（四）课程资源的开发与利用

（1）注重课程资源和现代化教学资源的开发和利用，这些资源有利于创设形象生动的工作情境，激发学生的学习兴趣，促进学生对知识的理解和掌握。同时，建立多媒体课程资源的数据库，努力实现跨学校多媒体资源的共享，以提高课程资源利用效率。

（2）积极开发和利用网络课程资源，充分利用诸如电子书籍、电子期刊、数据库、数字图书馆、教育网站和电子论坛等网上信息资源，使教学从单一媒体向多种媒体转变；教学活动从信息的单向传递向双向交换转变；学生单独学习向合作学习转变。

（3）产学合作，开发实验实训课程资源，充分利用本行业典型的生产企业的资源，进行产学合作，建立实习实训基地，实践“工学”交替，满足学生的实习实训，同时为学生的就业创造机会。

（4）建立本专业开放实训中心，使之具备现场教学、实验实训、职业技能证书考证的功能，实现教学与实训合一、教学与培训合一、教学与考证合一，满足学生综合职业能力培养的要求。

（五）其他说明

（1）鉴于高职生源的多样性，在实施中要编好班组，宜于取长补短，共同提高。

（2）指导教师在进行试验时要适时提供相关资料的索引，让学生自己去查阅，确保按时完成任务。

（3）实训中要突出遵循规范，力求实训过程完整、清晰。

（4）本课程标准主要适用于新疆交通职业技术学院城市轨道交通工程技术专业。

课程 7　施工组织与概预算

课程名称:施工组织与概预算
课程类型:专业基础课
建议学时:32 学时
适用专业:城市轨道交通工程技术

一、前言

本课程是城市轨道交通工程技术专业基础课之一。为后续课程提供必需的施工组织与管理理论,作为专业实践体系的重要能力模块之一,为该类专业提供系统的理论知识和培养基本岗位能力。

本课程需要工程图绘制与识读、岩土工程基础、建筑工程材料、轨道工程测量、城市轨道交通桥梁施工技术、城市轨道交通隧道及地下工程施工技术、城市轨道交通轨道施工技术等课程为基础铺垫,主要为本课程的学习提供工程识图、工程地质基础知识以及城市轨道交通工程各类单位工程的施工方法、施工机械知识,为科学、合理制订施工方案做知识准备。

本课程的后续课程为城市轨道交通轨道养护与管理、建设工程法律法规。后续实践教学环节为顶岗实习和毕业设计,为其提供系统的理论知识和基本岗位能力。

二、课程目标

(一)知识目标

(1)掌握建筑工程项目的概念、特点、系统构成、生命周期以及建筑工程管理的概念、职能、常见模式等知识点。

(2)掌握工程项目施工准备的主要内容,掌握审核施工图纸的一般程序和方法,掌握编制施工调查报告和开工报告的编制方法。

(3)掌握施工组织设计的概念、分类、本文构成及编制原则、依据与程序。

(4)掌握施工方案的主要内容和编制方法。

(5)掌握施工进度计划的编制程序,流水施工的组织方法,横道计划、网络计划的编制方法及施工进度计划的调整与优化。

(6)掌握劳动力、材料、机械设备等生产资源的配置方法。

(7)掌握施工现场平面布置的原则、主要内容及方法。

(8)掌握施工质量、进度、安全控制的一般方法。

(9)熟悉铁路工程定额。

(10)会劳动定额、材料定额、机械设备定额的计算。

(11)会进行定额的抽换。

(12)能描述铁路工程施工图预算阶段的文件组成。

(13)能描述铁路工程施工图预算阶段的费用组成。

(14)能运用现行的概(预)算定额编制概(预)算造价文件。

(15)会施工定额的正确查用。

(二)能力目标

(1)能编写某桥梁工程的施工调查报告。

(2)能审核施工图纸,填写图纸审核记录表。

(3)能编写某单位工程开工报告。

(4)能编制分项工程技术交底书。

(5)能编制施工组织设计。

(6)能够在工程实际中灵活地运用定额。

(7)能够独立完成施工图纸的工程量计算。

(8)能根据编制办法、预算定额和计价依据编制完整的铁路工程预算文件。

(9)基本具备审核概预算的能力。

(10)能编制工程量清单。

(11)能编制计量与支付报表。

(12)能编制施工工程结(决)算。

(三)素质目标

(1)培养学生树立严谨务实、统筹兼顾的大局观,爱岗敬业、吃苦耐劳、勤奋工作的作风以及诚实守信的优秀品质。

(2)培养学生具有较强的口头表达能力与书面表达能力、人际沟通能力。

(3)培养学生具有团队精神、协作精神及集体意识。

(4)培养学生具有良好的职业道德。

(5)培养学生具有良好的心理素质和克服困难的能力。

三、课程内容与要求

根据学习项目和职业能力,本课程教学内容与要求见表2-9。

四、实施建议

(一)教材选用

本课程主教材暂使用中国铁道出版社出版、李明华主编的《铁路工程施工组织与概预算》。该教材是全国城市轨道交通专业高职高专规划教材。

施工组织与概预算课程内容与要求

表 2-9

<table>
<tr><th>序号</th><th>项　　目</th><th>能 力 要 求</th><th>工 作 过 程</th><th>教学过程设计</th><th>参考学时</th><th>教 学 资 源</th></tr>
<tr><td rowspan="7">1</td><td rowspan="7">路基土石方工程施工组织设计</td><td rowspan="7">**知识：**
1. 了解铁路工程建设项目组成
2. 了解路基施工技术规范
3. 掌握施工组织基本方法
4. 掌握时间进度的表达方法
5. 掌握工作持续时间计算及工期计算
6. 掌握资源需要量计算
7. 掌握施工场地布置原则及方法
技能：
1. 合理选择路基工程的施工方法
2. 合理确定施工方案
3. 运用横道图表达工程进度
4. 分析人、材、机用量，制订计划
5. 分析施工总平面布置
素质：
严格遵守路基工程施工规范，培养认真的学习态度及解决实际问题的能力，培养严谨的工作态度</td><td>熟悉设计文件，编写工程概况</td><td>1. 分组，成立工作团队，完成小组角色分配，制订团队规章制度和岗位职责
2. 认识什么是施工组织设计文件
3. 小组共同熟悉设计文件、讨论编写工程概况</td><td>1</td><td rowspan="7">1. ××路基工程设计文件
2. 施工组织设计文件范本
3. 铁路工程预算定额
4. 路基工程施工规范</td></tr>
<tr><td>编制路基土石方工程施工方案</td><td>1. 土石方工程量计算
2. 选择路基土石方施工组织方法和施工方法
3. 合理选择路基工程机械</td><td>1</td></tr>
<tr><td>用横道图表达工程进度安排</td><td>1. 计算劳动量
2. 计算主导工期，填写工期计算表
3. 横道图绘制</td><td>1</td></tr>
<tr><td>编制人员、材料、机械计划表</td><td>根据设计文件、施工方案及工期安排制订人员、材料和机械的用量计划表</td><td>1</td></tr>
<tr><td>编制施工总平面图</td><td>施工总平面图绘制</td><td>1</td></tr>
<tr><td>编写各项保障措施</td><td>根据施工方案编写各项保障措施</td><td>1</td></tr>
<tr><td>小组方案汇报</td><td>小组将路基施工组织设计内容制作成 PPT 进行汇报，小组互评，教师点评打分</td><td>1</td></tr>
<tr><td rowspan="3">2</td><td rowspan="3">轨道工程施工组织设计</td><td rowspan="3">**知识：**
1. 了解轨道施工技术规范
2. 掌握施工组织方法
3. 掌握网络图的绘制
4. 掌握工作持续时间计算及工期计算
5. 掌握资源需要量计算
6. 掌握施工场地布置原则及方法
技能：
1. 合理选择轨道工程的施工方法
2. 合理确定施工方案
3. 运用网络图表达工程进度
4. 分析人、材、机用量，制订计划
5. 分析施工总平面布置</td><td>熟悉轨道工程设计文件，编写工程概况</td><td>小组查阅资料，完成轨道工程概况编写</td><td>1</td><td rowspan="3">1. ××路面工程设计文件
2. 施工组织设计文件范本
3. 铁路工程预算定额
4. 路面工程施工规范</td></tr>
<tr><td>合理选择轨道工程施工方案和施工方法</td><td>1. 轨道工程量计算
2. 选择轨道施工组织方法和施工方法
3. 合理组合轨道施工机械</td><td>1</td></tr>
<tr><td>编制施工进度图</td><td>1. 双代号网络计划的认知
2. 单代号网络计划的认知
3. 计算轨道工程劳动量
4. 定额法计算工期，填写工期计算表
5. 编制工作关系表
6. 双代号网络图绘制及时间参数计算
7. 依据条件进行网络计划优化</td><td>1</td></tr>
</table>

续上表

序号	项　目	能力要求	工作过程	教学过程设计	参考学时	教学资源
2	轨道工程施工组织设计	**素质：** 严格遵守轨道工程施工规范，培养认真的学习态度及解决实际问题的能力，培养严谨的工作态度	编制人、材、机计划表	资源量安排	1	1. ××路面工程设计文件 2. 施工组织设计文件范本 3. 铁路工程预算定额 4. 路面工程施工规范
			编制施工总平面图	施工总平面图绘制	1	
			编写各项保障措施	编写各项保障措施	1	
			小组方案汇报	小组将轨道施工组织设计内容制作成 PPT 进行汇报，小组互评，教师点评打分	1	
3	桥涵工程施工组织设计	**知识：** 1. 了解路基施工技术规范 2. 掌握施工组织方法 3. 掌握网络图的绘制 4. 掌握工作持续时间计算及工期计算 5. 掌握资源需要量计算 6. 掌握施工场地布置原则及方法 **技能：** 1. 合理选择桥梁工程的施工方法 2. 合理确定施工方案 3. 运用网络图表达工程进度 4. 分析人、材、机用量，制订计划 5. 分析施工总平面布置 **素质：** 严格遵守桥涵工程施工规范，培养认真的学习态度及解决实际问题的能力，培养严谨的工作态度	按要求编制完整的桥梁工程施工组织设计	1. 识图 2. 选择桥梁施工方案和施工方法 3. 合理选择桥梁机械施工组织 4. 网络图绘制 5. 资源量安排 6. 施工现场布置 7. 编制保障施工质量、安全及环保措施	1	1. ××桥梁工程设计文件 2. 施工组织设计文件范本 3. 铁路工程预算定额 4. 桥涵工程施工规范
			小组方案汇报	小组将桥涵施工组织设计内容制作 PPT 进行汇报，小组互评，教师点评打分	1	

续上表

序号	项　目	能力要求	工作过程	教学过程设计	参考学时	教学资源
4	铁路工程概预算文件编制	**知识：** 1. 理解基本建设程序示意图 2. 叙述铁路工程概预算文件编制过程 3. 分析施工图设计文件的组成和费用组成主要内容 4. 掌握建设工程定额分类及应用 **技能：** 1. 会铁路工程概预算定额应用 2. 能区别施工定额与企业定额 3. 确定分项工程的人工、材料、机械消耗量 4. 会计算分项工程定额数量 5. 会分析施工组织设计对施工图预算的影响 6. 能计算人工、材料、施工机械台班预算单价 7. 会取定其他工程费费率及间接费费率 8. 会计算概预算总金额 9. 会概(预)算造价软件应用 **素质：** 严格遵守铁路基本建设概预算编制办法、铁路工程预算定额、铁路工程概算定额、铁路工程施工规范，培养认真的学习态度及解决实际问题的能力，具有敬岗爱业、责任心强，甘于奉献的精神	熟悉施工图纸，进行工程项目划分	1. 分组教学讨论，根据给定的施工图设计文件，绘制铁路工程概预算费用组成框图 2. 小组阅读概预算项目划分表 3. 依据概预算项目划分表，划分工程项目，汇报结果	1	1. 设备：教室一体机 2. 软件：铁路工程造价软件 3. 资源库：施工图设计文件、铁路基本建设概预算编制办法、铁路工程预算定额、铁路工程机械台班费用定额、工程造价价格信息表 4. 铁路工程造价编制办法、多媒体课件、施工案例
			摘取工程量	1. 小组熟悉施工图纸，阅读工程量计算规则 2. 依据工程量计算规则，计算分项工程量，小组互相复核	1	
			路基土方工程定额应用	1. 教师引导学生识读路基土方工程定额 2. 师生互动交流，选套路基土方工程的定额，计算定额数量	1	
			桥梁工程定额应用	1. 教师引导学生识读桥梁工程定额 2. 师生互动交流，选套桥梁工程的定额，计算定额数量	1	
			隧道工程定额应用	1. 教师引导学生识读隧道工程定额 2. 师生互动交流，选套隧道洞身工程及隧道路面的定额，计算定额数量	1	
			轨道工程定额应用	1. 教师引导学生识读轨道工程定额 2. 师生互动交流，选套轨道工程的定额，计算定额数量	1	
			临时工程定额应用	1. 教师引导学生识读临时工程定额 2. 师生互动交流，选套临时工程的定额，计算定额数量	1	
			交通安全设施工程定额应用	1. 教师引导学生识读交通安全设施工程定额 2. 师生互动交流，选套交通安全设施工程的定额，计算定额数量	1	
			计算人工单价	1. 现场调查，了解当地自然环境、物资、劳力、动力等资源可利用和供给情况 2. 采用公式法和规定法，确定人工单价	1	

续上表

序号	项　　目	能 力 要 求	工 作 过 程	教学过程设计	参考学时	教 学 资 源
4	铁路工程概预算文件编制	**知识：** 1. 理解基本建设程序示意图 2. 叙述铁路工程概预算文件编制过程 3. 分析施工图设计文件的组成和费用组成主要内容 4. 掌握建设工程定额分类及应用 **技能：** 1. 会铁路工程概预算定额应用 2. 能区别施工定额与企业定额 3. 确定分项工程的人工、材料、机械消耗量 4. 会计算分项工程定额数量 5. 会分析施工组织设计对施工图预算的影响 6. 能计算人工、材料、施工机械台班预算单价 7. 会取定其他工程费费率及间接费费率 8. 会计算概预算总金额 9. 会概(预)算造价软件应用 **素质：** 严格遵守铁路基本建设概预算编制办法、铁路工程预算定额、铁路工程概算定额、铁路工程施工规范，培养认真的学习态度及解决实际问题的能力，具有敬岗爱业，责任心强，甘于奉献的精神	计算材料预算单价	1. 熟悉图纸，收集资料，查用工程造价信息表材料原价 2. 根据编办查用材料场外运输损耗率、采购保管费率 3. 材料平均运距确定 4. 材料预算单价确定 5. 查用铁路工程预算材料采集定额 6. 分析确定自采材料料场价格	1	1. 设备：教室一体机 2. 软件：铁路工程造价软件 3. 资源库：施工图设计文件、铁路基本建设概预算编制办法、铁路工程预算定额、铁路工程机械台班费用定额、工程造价价格信息表 4. 铁路工程造价编制办法、多媒体课件、施工案例
			计算机械台班预算单价	1. 查用铁路工程机械台班费用定额 2. 分析确定机械台班费用不变费用和可变费用	1	
			确定建筑安装工程费费用组成	1. 分组讨论，查用铁路基本建设概预算编制办法 2. 依据工程类别，取定其他工程费单项费率与间接费单项费率 3. 师生互动交流，计算其他工程费与间接费综合费率 4. 计算分项工程其他工程费与间接费费用，小组互评 5. 分组讨论，计算分项工程直接工程费与直接费费用，小组互评 6. 分组讨论，计算分项工程利润和税金，小组互评 7. 分组讨论，计算建筑安装工程费，教师评价	1	
			确定设备、工具、器具购置费费用组成	1. 查用施工图设计文件资料和编制办法 2. 师生互动交流，计算设备、工具、器具购置费，教师评价	1	
			确定工程建设其他费费用组成	1. 查用施工图设计文件资料和编制办法 2. 师生互动交流，计算工程建设其他费用与预备费，教师评价	1	
			造价软件应用	1. 教师指导，熟悉概(预)算造价软件操作流程 2. 造价书编制 3. 费率文件编制 4. 单价文件编制 5. 报表调整输出及打印	1	
机动					1	
合计					32	

(二)教学方法与手段

本门课程具有内容多、实践性强的特点,注重教学过程的实践性、开放性和职业性,重视实验、实训、实习三个环节。在实际的工作环境中,推行"教学做"一体化的教学模式(图2-1)。

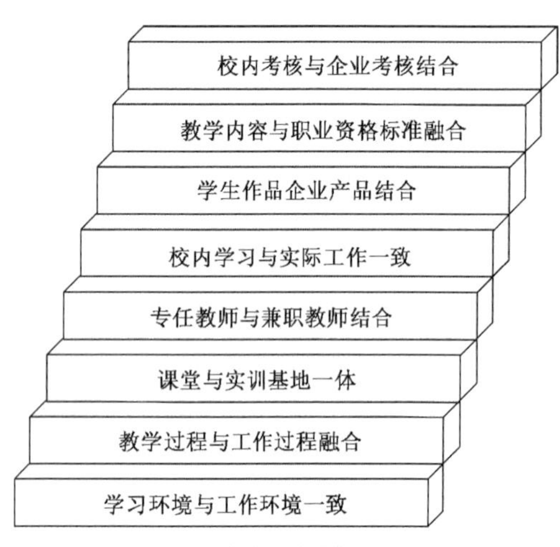

图2-1 "教学做"一体化

按照"以教师为主导,以学生为中心,面向岗位,培养较强岗位能力"的教学理念,以调动学生积极性为核心,以职业能力培养为主线,对不同的知识点运用各种恰当、有效的教学方法,合理构建理论教学和实践教学体系,着眼于学生自学能力、解决施工现场实际问题能力的培养,采用灵活多样的教学方法。

采用的主要教学方法是现场教学。该教学方法旨在通过现场教学,循序渐进地提高学生的认知,吸收、升华知识,从而培养解决现场施工实际问题的能力。

(三)考核与评价

在本项目教学过程中的学习阶段和工作阶段,对学生分别进行过程性考核,两项之和占过程性考核的20%。

1. 学习阶段考核(40%)

在学习阶段的各个环节,从知识、技能、成果、协作、纪律、态度、操作、沟通等方面,对学生进行全方位的考核。根据学生的作业、学习总结、学习效果、遵守学校管理制度情况等,以知识考核为重点,对学生职业素质进行全面考核,特别是学生分析问题和解决问题的思路、技巧及学习态度。专职教师和学生共同评价。具体见表2-10。

学习阶段过程性考核 表2-10

项目	比重	评价主体(比重)	评价方法	备注
各小组学习任务	60%	学生(50%)、专职教师(50%)	五级评价,加权平均	以小组为评价对象
作业	30%	专职教师	五级评价	—
纪律、课堂互动	10%	专职教师(80%)、学生(20%)	五级评价,加权平均	—

注:采用五级评价,A级为95分、B级为75分、C级为60分、D级为40分、E级为20分。

2. 工作阶段考核(60%)

在工作阶段的各个环节,从技能、知识、成果、协作、纪律、态度、操作、沟通等方面,对学生进行全方位的考核。根据学生的学习日志、实习总结、承担任务的工作量、工作效果、生产操作的熟练程度、遵守学校和企业的管理制度情况等,以技能考核为重点,对学生职业素质和知识掌握情况进行全面考核,特别是学生分析问题和解决问题的思路、技巧及工作态度。专职教师、学生和来自企业的兼职教师多方评价。具体见表2-11。

工作阶段过程性考核 表 2-11

项　目	比重	评价主体(比重)	评价方法	备　注
岗位职责完成情况	60%	兼职教师(50%)、专职教师(50%)	五级评价,加权平均	以小组为评价对象
协调沟通	20%	学生(50%)、专职教师(50%)	五级评价	加权平均
组织纪律	10%	兼职教师(50%)、专职教(50%)	专职教师(50%) 五级评价	加权平均
企业文化	10%	兼职教师	五级评价	加权平均

注:采用五级评价,A 级为 95 分、B 级为 75 分、C 级为 60 分、D 级为 40 分、E 级为 20 分。

(四)课程资源的开发与利用

(1)注重课程资源和现代化教学资源的开发和利用,激发学生的学习兴趣,促进学生对知识的理解和掌握。同时,建议加强课程资源的开发,建立多媒体课程资源的数据库,实现资源共享,以提高课程资源利用效率。

(2)积极开发和利用网络课程资源,使教学方式和教学手段更加趋向合理。

(3)校企合作,积极拓展实验教学资源建设,建立实习实训基地,实践"工学"交替,满足学生实习实训需要,同时为学生提供就业机会。

(4)完善校内实习实训基地建设,满足学生综合职业能力培养的要求。

(五)其他说明

(1)本课程标准适用于新疆交通职业技术学院城市轨道交通工程技术专业。

(2)鉴于高职生源的多样性,在实施中要编好班组,宜于取长补短,共同提高。

(3)主讲教师和辅助教师在项目化教学时要适时提供相关资料的索引,让学生自己去查阅,充分调动学生自主学习的积极性,确保按时完成任务。

(4)实训中要突出遵循规范,力求实训过程完整、清晰。

课程 8　计算机在工程中的应用

课程名称:计算机在工程中的应用
课程性质:专业基础课
建议学时: 32 学时
适用专业:城市轨道交通工程技术

一、前言

(一)课程定位

本课程属于城市轨道交通轨道养护与管理工程技术专业的一门专业基础课程,可对本专业后续专业课程城市轨道交通轨道养护与管理、轨道交通运营与管理以及本专业毕业设计等的学习起重要的辅助作用。同时,本课程也是一门独立的专业技能。课程设置的目的是,通过知识学习与技能的实践,熟悉和应用 CAD 软件以及与工程相关的其他设计软件,例如海地道路设计软件、涵洞设计软件和挡墙设计软件等,为后续课程设计、毕业设计打下重要基础,并使学生可以在毕业后能直接从事相关企事业的技术辅助工作,如绘图工作、辅助设计工作或其他技术辅助工作,达到"零距离就业"的目的。这门课程有很强的实践性和操作性。

(二)教学设计

本课程标准的总体设计思路是:在掌握计算机辅助设计软件(AutoCAD)的基础知识和具体应用软件功能过程中,根据实际工作任务,在教学过程中紧紧围绕完成工作任务的需要选择教学内容,设定课程能力培养目标;以"小结工作"为主线,强化学生实践动手能力的培养。在熟练应用该软件的基础上,进行公路综合设计软件海地 2006F 道路设计软件、涵洞设计软件应用,将实际工作与该软件相结合,进行实际操作。另外,学生在经过一定时间的强化训练后,应顺利通过国家绘图员考证。

本课程建议课时为 32 学时。课程安排建议四节课机房连上。

二、课程目标

(一)知识目标

熟练掌握 AutoCAD2010 的安装及操作界面;应用 AutoCAD2010 二维绘图方法;应用 AutoCAD2010 二维图的修改方法;掌握如何在 AutoCAD 平台下安装公路设计软件;应用海地道路软件中项目文件菜单的操作;应用海地道路软件中平面的设计过程中命令的操作;应用海地道路软件中纵断面的设计过程中命令的操作;应用海地道路软件中横断面的设计过程中命令的

操作;应用海地测设功能进行坐标及放样计算;了解海地挡土墙菜单命令的操作;了解海地涵洞软件的菜单命令的操作。

(二)技能目标

在掌握了 AutoCAD 软件的基础上,能应用海地道路软件进行道路平、纵、横的设计及局部图纸的修改。能用 AutoCAD 和海地软件辅助设计、绘制和编辑挡土墙工程图、涵洞工程图,能够处理整套图纸并输出合格的 CAD 图。

(三)素质目标

养成严谨、细致、一丝不苟、对数据认真负责的良好品质,为发展职业能力奠定良好的基础。

三、课程内容与要求(表 2-12)

四、实施建议

(一)教材选用和编写建议

1. 教材选用

(1)本课程教材暂使用清华大学出版社出版、许国玉主编的《AutoCAD 培训教程》。主要参考书及参考资料为中国劳动社会保障出版社出版、陈忻主编的《公路 CAD》。

(2)本教材基本上能满足教学,为了更好地完成教学内容,实现教学目标,后续也考虑由本课程团队根据课程标准进行教材的编写。

2. 教材编写原则与要求

(1)必须依据本课程标准编写教材,教材应充分体现任务引领、实践导向的课程设计思想。

(2)教材应将本专业职业活动分解成若干典型的工作项目,按完成工作项目的需要和岗位操作规程,结合职业技能证书考证组织教材内容。

(3)教材应图文并茂,提高学生的学习兴趣,加深学生对公路工程 CAD 的认识和理解。教材表达必须精炼、准确、科学。

(4)教材中活动设计的内容要具体,并具有可操作性。

3. 教学参考资料使用建议

由于制图标准与 CAD 标准往往会更新,所以在选择参考资料时,应该注意采用新标准的参考资料。

(二)教学建议

(1)在教学过程中,应立足于加强学生实际操作能力的培养,采用项目教学,以工作任务引领提高学生学习兴趣,激发学生的成就动机。

(2)本课程教学的关键是案例分析教学,应选用典型工程案例为载体,在教学过程中,教师示范和学生分组讨论、训练互动,学生提问与教师解答、指导有机结合,让学生在“教”与“学”过程中掌握相关知识。

计算机在工程中的应用课程内容与要求

表 2-12

序号	项　目	能力要求	工作过程	教学活动设计	参考学时	教学资源
1	项目一 简单平面图形的绘制	**知识：** CAD 文件的管理、图层设置；绘图命令、编辑命令、尺寸标注、文字的编辑，能够按照需求进行图形的输出打印 **技能：** 能按熟练、快速掌握和应用相应的绘图和编辑命令；快速图样的标注；输出打印； **素质：** 严格遵守制图规范，培养认真、严谨的工作态度	设置公路图样的绘图环境	1. 文件的基本操作——命名“学号＋姓名＋日期”为文件名 2. 设置绘图界限—以 A3 图幅尺寸为例 3. 设置公路图样的单位及绘图区颜色，单位为 mm，绘图区颜色为白色 4. 新建公路图样图层	1	1. 设备：电脑 2. 软件：Auto CAD 2010 3. 资源库：二维 CAD 练习图库 4. 资源库：三维 CAD 练习图库
			简单图形的绘制与编辑	1. 绘制标准 A3 图框 2. 绘制五角星 3. 绘制图库其他简单平面图形	1	
			文字的输入与表格的插入	1. 仿宋字体文字样式创建 2. 标题栏的文字输入 3. 备注表格的插入		
			图形的尺寸标注	1. 设置尺寸标注的样式 2. 简单图形的尺寸标注(已绘制)	1	
			图形的输出与打印	1. 打印样式的设置 2. 给定图形的输出打印		
2	项目二 复杂平面图形的绘制	**知识：** CAD 文件的管理、图层设置；绘图命令、编辑命令、尺寸标注、文字的编辑，能够按照需求进行图形的输出打印 **技能：** 能按熟练、快速掌握和应用相应的绘图和编辑命令；快速图样的标注；图案的填充，输出打印 **素质：** 严格遵守制图规范，培养认真、严谨的工作态度	设置公路图样的绘图环境	1. 文件的基本操作——命名“学号＋姓名＋日期”为文件名 2. 设置绘图界限—以 A3 图幅尺寸为例 3. 设置公路图样的单位及绘图区颜色，单位为 mm，绘图区颜色为白色 4. 新建公路图样图层	1	
			复杂平面图形的绘制与编辑	1. 绘制标准 A3 图框 2. 绘制手柄、吊钩、底板 3. 绘制图库其他复杂图形	1	
			文字的输入与表格的插入	1. 仿宋字体文字样式创建 2. 标题栏的文字输入 3. 图形备注表格的插入		
			图形的尺寸的标注	1. 设置尺寸标注的样式 2. 复杂图形的快速尺寸标注(已绘制)	1	
			图形的输出与打印	1. 打印样式的设置 2. 绘制图形的输出打印		

续上表

序号	项　目	能力要求	工作过程	教学活动设计	参考学时	教学资源
3	项目三 工程实体三视图的绘制	**知识：** CAD 文件的管理、图层设置；绘图命令、编辑命令、尺寸标注、文字的编辑，能够按照需求进行图形的输出打印 **技能：** 能按熟练、快速掌握和应用相应的绘图和编辑命令；快速图样的标注；图案的填充，输出打印 **素质：** 严格遵守制图规范，培养认真、严谨的工作态度	设置公路图样的绘图环境	1. 文件的基本操作——命名“学号 + 姓名 + 日期”为文件名 2. 设置绘图界限 – 以 A3 图幅尺寸为例 3. 设置公路图样的单位及绘图区颜色，单位为 mm，绘图区颜色为白色 4. 新建公路图样图层	1	1. 设备：电脑 2. 软件：Auto CAD 2010 3. 资源库：二维 CAD 练习图库 4. 资源库：三维 CAD 练习图库
			工程实体三视图的绘制与编辑	1. 绘制标准 A3 图框 2. 绘制涵台、桥台、T 梁、箱梁三视图 3. 绘制图库其他复杂图形	1	
			文字的输入与表格的插入	1. 仿宋字体文字样式创建 2. 标题栏的文字输入 3. 图形备注表格的插入	1	
			图形的尺寸的标注	1. 仿宋字体文字样式创建 2. 标题栏的文字输入		
			图形的输出与打印	1. 图形备注表格的插入 2. 绘制图形的输出打印		
4	项目四 简单三维实体的绘制	**知识：** 三维绘图体系的创建、三维绘图命令、实体的编辑并能够按照需求进行图形的输出打印 **技能：** 能按熟练、快速掌握和应用相应的绘图和编辑命令；图形的着色与渲染，并输出打印 **素质：** 严格遵守制图规范，培养认真、严谨的工作态度	设置三维空间图样绘图体系	1. 文件的基本操作——命名“学号 + 姓名 + 日期”为文件名 2. 设置四等分空间绘图体系 3. 创建三维体系图样图层	1	
			简单三维实体图的绘制	1. 绘制圆柱、棱柱 2. 绘制圆锥、圆台、球体 3. 绘制棱锥、棱台	1	
			简单三维实体图的编辑	1. 实体之间求并集 2. 实体之间求交集 3. 实体之间求差集		
			简单三维实体图的着色与渲染	1. 所绘制实体的着色 2. 所绘制实体的渲染	1	
			简单三维实体图的输出与打印	1. 打印样式的设置 2. 所绘图形的输出打印		

续上表

序号	项目	能力要求	工作过程	教学活动设计	参考学时	教学资源
5	项目五 复杂三维实体（工程实体）图的绘制	**知识：** 三维绘图体系的创建、三维绘图命令、实体的编辑并能够按照需求进行图形的输出打印 **技能：** 能按熟练、快速掌握和应用相应的绘图和编辑命令；图形的着色与渲染，并输出打印 **素质：** 严格遵守制图规范，培养认真、严谨的工作态度	设置三维空间图样绘图体系	1. 文件的基本操作——命名“学号＋姓名＋日期”为文件名 2. 设置四等分空间绘图体系 3. 创建三维体系图样图层	1	1. 设备：电脑 2. 软件：Auto CAD 2010 3. 资源库：二维CAD练习图库 4. 资源库：三维CAD练习图库
			复杂三维实体图的绘制	1. 绘制花瓶、长廊 2. 绘制T梁、箱梁 3. 绘制桥墩、桥台	1	
			复杂三维实体图的编辑	1. 实体之间求并集 2. 实体之间求交集 3. 实体之间求差集	1	
			复杂三维实体图的着色与渲染	1. 所绘制实体的着色 2. 所绘制实体的渲染	1	
			复杂三维实体图的输出与打印	1. 打印样式的设置 2. 所绘图形的输出打印	1	
6	项目六 ××四级公路项目设计	**知识：** 掌握海地道路设计软件的功能 **技能：** 能够熟练应用海地道路软件进行道路项目的平纵横设计 **素质：** 严格遵守设计规范，培养认真、严谨的工作态度	创建××四级公路项目文件	1. 创建项目文件 2. 设置图框格式 3. 设置项目单位	1	1. 设备：电脑 2. 软件：海地道路设计软件 3. 资源库：道路设计项目原始文件
			××项目路线平面设计	1. 交点线文件编辑 2. 配置曲线 3. 生成平面成果	1	
			××项目路线纵断面设计	1. 纵断面文件编辑 2. 纵断面设计 3. 配置竖曲线 4. 生成纵断面成果	1	
			××项目路线横断面设计	1. 横断面文件编辑 2. 横断面设计 3. 生成横断面成果	1	
			××四级公路项目成果出图打印	1. 项目成果的整理 2. 项目成果的输出打印	1	
7	项目七 ××二级公路项目设计		创建××二级公路项目文件	1. 创建项目文件 2. 设置图框格式 3. 设置项目单位	1	1. 设备：电脑 2. 软件：海地道路设计软件 3. 资源库：道路设计项目原始文件

续上表

序号	项目	能力要求	工作过程	教学活动设计	参考学时	教学资源
7	项目七 ××二级公路项目设计	**知识：** 掌握海地道路路线平、纵、横、涵洞设计的功能 **技能：** 能够熟练应用海地道路软件进行道路项目的平纵横设计 **素质：** 严格遵守设计规范，培养认真、严谨的工作态度	××项目路线平面设计	1. 交点线文件编辑 2. 配置曲线 3. 生成平面成果	1	1. 设备：电脑 2. 软件：海地道路设计软件 3. 资源库：道路设计项目原始文件
			××项目路线纵断面设计	1. 纵断面文件编辑 2. 纵断面设计 3. 配置竖曲线 4. 生成纵断面成果		
			××项目路线横断面设计	1. 横断面文件编辑 2. 横断面设计 3. 生成横断面成果	1	
			××二级公路项目涵洞设计	1. 涵洞原始数据输入 2. 涵洞设计与出图		
			××二级公路项目成果出图打印	1. 项目成果的整理 2. 项目成果的输出打印		
8	项目八 ××高速公路项目设计	**知识：** 掌握海地道路路线平、纵、横、涵洞、挡墙设计的功能 **技能：** 能够熟练应用海地道路软件进行道路项目的平纵横设计 **素质：** 格遵守设计规范，培养认真、严谨的工作态度	创建××高速公路项目文件	1. 创建项目文件 2. 设置图框格式 3. 设置项目单位	3	1. 设备：电脑 2. 软件：海地道路设计软件 3. 资源库：道路设计项目原始文件
			××项目路线平面设计	1. 交点线文件编辑 2. 配置曲线 3. 生成平面成果		
			××项目路线纵断面设计	1. 纵断面文件编辑 2. 纵断面设计 3. 配置竖曲线 4. 生成纵断面成果		
			××项目路线横断面设计	1. 横断面文件编辑 2. 横断面设计 3. 生成横断面成果	2	
			××高速公路项目挡墙设计	1. 挡墙原始数据输入 2. 挡墙稳定性验算与出图		
			××高速公路项目涵洞设计	1. 涵洞原始数据输入 2. 涵洞设计与出图		
			××高速公路项目成果出图打印	1. 项目成果的整理 2. 项目成果的输出打印		
机动					2	
合计					32	

注：项目一至项目五为《计算机在工程中的应用1》；项目六至项目八为《计算机在工程中的应用2》。

(3)在教学过程中,要创设工作情境,同时应加大实践实操的容量,要紧密结合职业技能证书的考证,加强考证的实操项目的训练,在实践实操过程中,使学生掌握软件的操作流程,提高学生的岗位适应能力。

(4)在教学过程中,要应用多媒体、投影等教学资源辅助教学,帮助学生熟悉企业所使用软件的操作要点。

(5)教学过程中教师应积极引导学生提升职业素养,提高职业道德。

(三)教学考核评价建议

(1)改革传统的学生评价手段和方法,采用阶段评价、过程性评价与目标评价相结合。完成每一个教学情境的任务后,要进行学生自我评价、组内互评和教师评价。评价内容包括实验实训成果、相互协作、自我学习、动手能力和实践中分析问题、解决问题能力等项目,以评价结果作为该教学情境的考核分数。

(2)平时成绩结合课堂提问、平时测验、学生作业、技能竞赛、项目成果考核及道路工程仿真软件考核情况,对在学习和应用上有创新的学生应予特别鼓励,全面综合评价学生能力。

(3)《计算机在工程中的应用1》总评成绩=平时成绩×20%+完成教学情境工作任务平均成绩×40%+CAD竞赛考核成绩×40%。

《计算机在工程中的应用2》=平时成绩×30%+海地道路项目成果考核成绩×70%。

(四)课程资源的开发与利用

(1)注重课程资源和现代化教学资源的开发和利用,这些资源有利于创设形象生动的工作情境,激发学生的学习兴趣,促进学生对知识的理解和掌握。同时,建立多媒体课程资源的数据库,努力实现跨学校多媒体资源的共享,以提高课程资源利用效率。

(2)积极开发和利用网络课程资源,充分利用诸如电子书籍、电子期刊、数据库、数字图书馆、教育网站和电子论坛等网上信息资源,使教学从单一媒体向多种媒体转变,教学活动从信息的单向传递向双向交换转变,学生单独学习向合作学习转变。

(3)产学合作,开发实验实训课程资源,充分利用本行业典型的生产企业的资源,进行产学合作,建立实习实训基地,实践“工学”交替,满足学生的实习实训需要,同时为学生的就业创造机会。

(4)建立本专业开放实训中心,使之具备现场教学、实验实训、职业技能证书考证的功能,实现教学与实训合一、教学与培训合一、教学与考证合一,满足学生综合职业能力培养的要求。

(5)在资料方面,必要时在课程学习中提供CAD网站方面的信息与资料查找。

(五)其他说明

本课程标准仅适用于新疆交通职业技术学院城市轨道交通工程技术专业及专业群。

课程 9　岩土工程基础

课程名称:岩土工程基础
课程性质:专业基础课
建议学时:72 学时
适用专业:城市轨道交通工程技术

一、前言

(一)课程定位

本课程是城市轨道交通工程技术专业的一门专业基础课程。其任务是使学生具备从事土木工程技术应用型专门人才所必需的地质基本知识和技能;能应用工程岩土学的基本规律、基本知识,能辨认基本的地质构造和地质灾害现象,进行一般的工程地质问题分析并提出处理措施;培养阅读和使用工程地质勘察资料的能力,能阅读一般地质资料,把学到的地质及工程地质学知识和其他课程知识紧密结合起来,进行实际工程的设计与施工。

其以高中物理、高中地理等课程为基础。后续课程有城市轨道交通桥梁施工技术、城市轨道交通隧道及地下工程施工技术、城市轨道交通工程施工风险控制技术。

(二)教学设计思路

本课程的总体设计思路是:以工作过程为导向,以职业能力培养为核心,充分体现工学结合的特点,以铁路工程地质勘察的工作任务为载体,实施课程整体设计。

在课程内容设计上,以铁路工程地质勘察的基本流程和基本工艺为课程主线,遵照学生认知特点,将课程学习内容划分为 4 个教学项目,根据项目具体情况,每个项目划分为不同的工作任务,通过完成每个工作任务达到学习目标。

在课程教学方法和教学手段设计上,通过多媒体教学、现场参观、实习实训等,采用分组教学法和激励教学法。分组教学中辅教由每组的组长担任。激励教学法中,鼓励学生、肯定学生,给每个学生表现自我的机会,同时锻炼学生的团队精神,提高团队凝聚力和教学效果。

教学效果评价采取过程评价与结果评价相结合的方式,重点考核学生的综合职业能力。

二、课程目标

(一)知识目标

(1)理解地球圈层构造及地质作用的内涵。
(2)掌握主要造岩矿物及常见三大岩类的特征。
(3)掌握地质构造类型及地质图的识读方法。

(4)理解和掌握土、岩石、岩体的工程性质。

(5)掌握活断层、地震和砂土液化的概念。

(6)掌握斜坡破坏方式及稳定性评价方法。

(7)理解地下洞围岩压力计算。

(8)理解场地渗透变形可能性判断。

(9)掌握岩溶及泥石流形成条件。

(10)掌握工程地质勘察方法及铁路桥梁工程地质勘察报告的编制方法。

(二)技能目标

(1)能正确解释岩石风化作用及土的形成。

(2)能正确鉴别常见矿物及三大岩类。

(3)能使用地质罗盘仪确定岩层产状,能正确识读地质图。

(4)能对土、岩石、岩体进行工程分类及岩体稳定性评价。

(5)能识别活断层并对地震液化可能性进行判别。

(6)能对斜坡稳定性进行稳定性评价并提出防治措施。

(7)能对地下洞室围岩进行稳定性评价并提出防治措施。

(8)能对场地渗透变形可能性进行评价并提出防治措施。

(9)能对岩溶、泥石流场地进行评价并提出防治措施。

(10)能识读并编制铁路桥梁工程地质勘察报告。

(三)素质目标

(1)培养学生团结协作、吃苦耐劳、诚信为本的精神。

(2)培养学生严谨的工作态度和信息收集、信息处理的能力。

(3)培养学生自学和独立思考、综合分析问题和解决问题的能力(表 2-13)。

三、课程内容与要求(表 2-13)

四、实施建议

(一)教材选用和编写建议

1. 教材选用

本课程教材采用许兆义主编的《工程地质基础》(第二版),中国铁道出版社,2011 年 5 月出版。实践部分的训练采用自编实训教材《工程地质室内实验指导书》。

2. 教材编写原则与要求

(1)目前采用的中国铁道出版社出版的《工程地质基础》(第二版)教材,基本满足使用要求。

(2)授课内容可以根据学生具体情况做适当选择。

3. 教学参考资料使用建议

由于工程施工技术规范及标准会不断更新,新材料、新工艺、新技术、新设备的使用也在不断探索,所以在选择参考资料时,应注意采用新标准的参考资料。

表 2-13

岩土工程基础课程内容及要求

序号	项　目	能力要求	工作过程	教学活动设计	参考学时	教学资源
1	项目一 地质基础认知	**知识：** 1. 理解地球圈层构造及地质作用的内涵 2. 掌握主要造岩矿物及常见三大岩类的特征 3. 掌握地质构造类型及地质图的识读方法 **技能：** 1. 能正确解释岩石风化的作用及土的形成 2. 能正确鉴别常见矿物及三大岩类 3. 能使用地质罗盘仪确定岩层产状，能正确识读地质图 **素质：** 培养团队精神，敬岗、爱岗、诚信的品质，严谨的工作态度	认识地质作用	1. 认识地球圈层的构造，分组制作地球圈层构造模型 2. 观看视频《地球的力量——地球的诞生、火山》进而直观认识内力地质作用，分组谈观后感 3. 观看 BBC 视频《地球的力量——空气、水、冰川》，进一步认识外力地质作用，分组谈观后感 4. 制作卡片，演示土的形成过程，小组汇报，教师点评	4	电脑、投影、《地球的力量》视频资料、PPT 图片资料、简单模型制作材料
			鉴别常见矿物及三大岩类	1. 学习工程地质室内实验指导书 2. 分组对矿物标本外观进行观察、记录，使用简单的工具确定矿物的一般物理性质，肉眼鉴别主要造岩矿物，分组完成造岩矿物标本肉眼鉴定实习报告 3. 分组观察岩石标本，根据矿物成分、结构和构造，对岩石标本进行肉眼鉴定，并分组完成岩浆岩、沉积岩、变质岩标本肉眼鉴定实习报告	8	电脑、投影、PPT 图片、工程地质室内实验指导书、地质模型室（矿物和岩石标本）
			识读地质图	1. 从恐龙谈起，认识《地质年代表》，分组进行地质年代口诀记忆比赛 2. 分组观察地质构造模型，识别不同地质构造 3. 分组练习使用地质罗盘仪测定岩层产状 4. 识读地质图，分组完成阅读地质图作业	10	电脑、投影、PPT 图片、工程地质室内实验指导书、地质模型室（地质构造模型、地质罗盘仪、地质图）

续上表

序号	项　　目	能 力 要 求	工 作 过 程	教学活动设计	参考学时	教 学 资 源
2	项目二 岩土工程性质认知	**知识：** 理解和掌握土、岩石、岩体的工程性质 **技能：** 能对土、岩石、岩体进行工程分类及岩体稳定性评价 **素质：** 培养团队精神，敬岗、爱岗、诚信的品质，严谨的工作态度	认识岩土中的水	1. 利用乒乓球、玻璃球认识岩土孔隙性 2. 认识地下水埋藏类型（地质模型）	2	电脑、投影仪、PPT图片、地质模型室（地质构造模型）
			认识土的工程性质	1. 利用乒乓球、玻璃球、黄豆、绿豆、大米、小米、面粉认识土的粒径，理解粒径级配曲线 2. 分组推导土的物理性质指标的换算公式 3. 分组讨论土的塑性指数和液性指数的物理意义，教师点评 4. 讨论比萨斜塔成因，认识土的压缩性，认识土的力学性质 5. 给定试验数据，分组对土进行工程分类	10	电脑、投影、PPT图片、规范；实验报告册
			认识岩石的工程性质	1. 复习土的水理性质，讨论岩石的水理性质与土的水理性质之间的关系 2. 视频学习岩石的单轴抗压强度及点荷载试验 3. 给定试验数据，分组对岩石进行工程分类	4	电脑、投影、规范；实验报告册
			认识岩土的工程性质	1. 分组讨论岩石与岩体的区别，老师点评 2. 讨论洞室围岩顶部岩体形状及产状对洞室稳定性的影响，老师点评 3. 给定资料，分组岩体进行工程分类	4	电脑、投影、规范；实验报告册

续上表

序号	项　目	能力要求	工作过程	教学活动设计	参考学时	教学资源
3	项目三 工程地质问题认知	**知识：** 1. 掌握活断层、地震和砂土液化的概念 2. 掌握斜坡破坏方式及稳定性评价方法 3. 理解地下洞围岩压力计算 4. 掌握岩溶形成条件 **技能：** 1. 能识别活断层并对地震液化可能性进行判别 2. 能对斜坡稳定性进行稳定性评价并提出防治措施 3. 能对地下洞室围岩进行稳定性评价并提出防治措施 4. 能对岩溶场地进行评价并提出防治措施 **素质：** 培养团队精神，敬岗、爱岗、诚信的品质，严谨的工作态度	判别区域稳定性	1. 分组讨论活断层的识别与标志，老师点评 2. 讨论震级和烈度的区别和联系，老师点评 3. 判别区域地震液化可能性，小组汇报，老师点评	6	电脑、投影、PPT 图片、规范；工程资料
			评价斜坡稳定性	1. 观看斜坡破坏视频及图片，讨论总结斜坡破坏类型及特征 2. 复习静力平衡条件，推导斜坡平衡计算公式，利用极限平衡法评价斜坡稳定性 3. 给定资料数据，评价斜坡的稳定性，小组汇报，老师点评	6	电脑、投影、PPT 图片、规范；工程资料
			评价地下洞室围岩稳定性	1. 借助 PPT 图片，分组讨论洞室围岩变形破坏方式，教师点评 2. 给定资料，分组进行洞室围岩稳定性评价，教师点评	4	电脑、投影、PPT 图片、规范；工程资料
			认识岩溶	1. 分组讨论“我国著名的喀斯特地貌旅游景区”，认识岩溶地貌 2. 分组讨论岩溶工程地质问题及解决措施，教师点评	2	电脑、投影、PPT 图片
4	项目四 工程地质勘察认知	**知识：** 掌握工程地质勘察方法及铁路桥梁工程地质勘察报告的编制方法 **技能：** 能识读并编制铁路桥梁工程地质勘察报告 **素质：** 培养团队精神，敬岗、爱岗、诚信的品质，严谨的工作态度	识读铁路桥梁工程地质勘察报告	给定资料，识读铁路桥梁工程地质勘察报告	6	工程地质勘察报告资料
			编制铁路桥梁工程地质勘察报告	给定资料，编制 1 份铁路桥梁工程地质勘察报告	4	工程地质勘察原始资料
机动					2	
合计					72	

主要参考书及参考资料：

(1)《铁路工程地质勘察规范》(TB 10012—2007)，中国铁道出版社。

(2)《铁路工程特殊岩土勘察规范》(TB 10038—2012)，中国铁道出版社。

(3)《铁路工程不良地质勘察规范》(TB 10027—2012)，中国铁道出版社。

(4)《岩土工程勘察规范》(GB 50021—2001)，中国建筑工业出版社。

(5)《城市轨道交通岩土勘察规范》(GB 50307—2012)，中国计划出版社。

(6)《岩土工程学报》杂志，中国水利学会、中国土木工程学会、中国力学学会、中国建筑学会、中国水力发电工程学会主办。

(7)《工程地质学报》杂志，中国科学院地质与地球物理研究所主办。

(二)教学建议

为保证本课程标准的实施，教师应深入领会课程的基本理念，开拓思路，创新方法，以育人为本，全面实现课程目标。教学中应注意的一些问题如下。

(1)教学条件。充分利用学院交通实训中心路基工程实训室进行校内实践教学活动设计与教学。

(2)运用现代教育技术手段。应用多媒体、视频等教学资源辅助教学，便于学生理解教学内容。

(3)教学方法。教学过程中应注意充分调动学生的主动性和积极性，避免“满堂灌”的传统教学方法，注重“教”与“学”的互动。可以对学生进行分组，每组 6 ~ 7 人，各组任命 1 名学生作为辅教，以小组为单位参加课堂及实践教学环节，考核成绩与小组的综合评定成绩相关。

教师从知识传授者的角色转变为学生学习过程的组织者、咨询者和指导者，使教学过程向学生自觉学习过程转化。每项工作任务完成后，各小组提交一份成果报告。

(4)积极引导学生提升职业素养，提高职业道德，形成较好的安全意识、合作意识、创新精神。

(三)教学考核评价建议

1. 评价方式

本课程采用考核评价和过程评价相结合的方式。对学生的知识与技能掌握程度、学生的知识综合运用能力、团结协作和语言表达等社会能力以及在实训过程中表现出来的个人素质进行综合评价。

2. 教学评价

课程教学评价，突出过程评价，结合课堂提问、实训活动、阶段测试、测验等手段，加强实践性教学环节的考核。评价时注重学生动手能力和分析问题、解决问题的能力，对在学习中和应用上有创新的学生应在评定时给予鼓励。

本课程的总评成绩 = 平时成绩 + 团队协作 + 实验总评 + 期末考试成绩。其中平时成绩占 50%、团队协作占 50%、实验总评占 50%、期末考试成绩占 40%。

(四)课程资源的开发与利用

(1)建立多媒体课程资源的数据库，实现多媒体资源的共享，以提高课程资源利用效率。

(2)开发并应用幻灯片、视频、Flash 动画、网络课件、微课程等教学资源，调动学生学习的积极性、主动性和创造性。

(3)模拟真实场景,开发基于生产任务的校内实训项目,提升学生职业能力。

(五)其他说明

(1)本课程标准适用于新疆交通职业技术学院城市轨道交通工程技术专业。

(2)鉴于新疆高职生源的特点,在课程实施中要编好班组,便于取长补短,共同提高。

(3)在教学时要适时提供相关资料的索引,让学生自己去查阅,充分调动学生自主学习的积极性。

第三部分

专业核心平台课程标准

课程10　城市轨道交通桥梁施工技术

课程名称:城市轨道交通桥梁施工技术

课程性质:专业核心课程

建议学时:72学时(理论52学时、实践20学时)

适用专业:城市轨道交通工程技术

一、前言

(一)课程定位

本课程是城市轨道交通工程技术专业的一门专业核心课,为后续课程提供必需的理论基础和技术支持,作为专业实践体系的基本技能模块之一,为城市轨道交通桥梁施工、检测、实验、测量等提供必备的基本实践技能。

本课程的先修课程有城市轨道交通概论、建筑工程材料、岩土工程基础。

本课程的后续课程有施工组织与概预算。

(二)教学设计思路

(1)以城市轨道交通工程技术专业的人才培养方案为主,结合校企合作、工学结合教育理念,校企共同进行课程建设和课程教学。

(2)学生掌握有关桥梁施工方面的知识,在学完这门课程后对桥涵工程各个方面的知识有比较全面、系统、深入的了解,具备从事桥涵工程施工、管理的基本知识和能力。

(3)将职业素质培养、职业资格考证融入课程,实施教学做一体化法和过程性评价方法,以此发展学生的职业能力和职业素养。

(4)教学效果评价:平时考察占20%,期中考查占40%,完成课程设计任务占20%,教师评价占10%,学生自评占10%。

二、课程目标

通过任务引领、能力训练等活动,使学生在具备桥梁的基本概念、相关理论知识及掌握桥梁结构设计原理的基础上,能够识读常见的高架桥施工图,会进行常用的施工计算,会使用相关的技术规范和标准,会编制常见高架桥上下部结构的施工方案,能在现场组织施工并进行施工质量控制,使本专业学生可以成为承担高架桥施工、检测、加固处理以及管理一线生产任务的工程技术人员,为顶岗能力的持续发展打下良好基础。

(一)知识目标

(1)掌握与桥梁工程有关的基本概念,掌握不同类型城市高架桥桥梁的构造。

(2)掌握桥梁扩大基础、桩基础施工、沉井基础方法，掌握桥梁砌体工程的施工方法，熟悉其他类型基础施工要点。

(3)掌握城市高架桥的施工方法。

(4)了解城市高架桥的新结构、新方法、新工艺。

(5)了解城市高架桥施工事故保护与安全防范措施。

(二)技能目标

(1)能说明城市高架桥、公路中小桥梁的结构形式和构造。

(2)能运用有关设计规范、手册和标准图进行城市高架桥、公路中小桥梁的设计并计算工程数量。

(3)能进行施工图纸会审。

(4)能选择合理的桥梁上部结构各组成部分的施工方法。

(5)能进行桥梁各种施工机械的选用。

(6)能编制各种城市高架桥施工方案。

(7)能叙述城市高架桥上部结构各组成部分的主要施工工艺流程。

(8)能说明城市高架桥上部结构各组成部分施工过程中的要点并进行控制。

(三)素质目标

(1)培养学生团队合作精神。

(2)培养学生严谨的工作态度和信息收集、信息处理的能力。

(3)培养学生自学和独立思考、综合分析问题和解决问题的能力;。

(4)培养学生在现有知识及技能的基础上不断开拓、创新的能力。

(5)增强学生自我保护意识，树立警钟长鸣、按章作业的安全意识和质量意识，培养学生对突发事件的应急处理能力。

三、课程内容与要求

根据专业课程目标及其涵盖的要求，本课程内容和要求见表3-1。

四、实施建议

(一)教材编写

1.教材选用

本课程主教材使用机械工业出版社出版、张彬主编的《桥梁工程施工技术详解》。该教材经过使用和修订再版，已成为一本工学结合、任务驱动的优秀的高职高专统编教材和桥涵施工专业技术人员的参考书。

2.教材编写原则与要求

目前该课程没有实训教材，建议依据课程标准，以充分体现项目课程设计思想，编写符合基于工作过程、融入铁路桥涵施工及检测加固处理的工学结合实训教材。

(1)教材应充分体现任务引领、项目导向，基于工作过程的设计思路。

表 3-1

城市轨道交通桥梁施工技术课内容与要求

序号	项　目	能 力 要 求	工 作 过 程	教学活动设计	参考学时	教 学 资 源
1	项目一 概述	**知识：** 掌握桥梁的类型及其结构 **技能：** 能说明桥梁的类型及其结构 **素质：** 培养认真的学习态度	1. 桥梁发展过程的认知 2. 城市高架桥的基本构成及常用结构形式认知	1. 参观桥梁模型室 2. 分组制作世界名桥介绍 PPT	6	1. 设备：电脑、投影仪 2. 资源库：教学资源库、桥模室
2	项目二 城市高架桥上部结构构造	**知识：** 掌握城市高架桥上部结构构造 **技能：** 能说明城市高架桥的基本构成及常用结构形式 **素质：** 培养认真的学习态度	1. 各种板梁、T 梁和箱梁的构造组成及每一组成部分的作用的认知	1. 分组制作各种板梁、T 梁和箱梁的构造组成 PPT 并讲解，教师点评 2. 现场参观各种板梁、T 梁和箱梁	4	1. 设备：电脑、投影仪 2. 资源库：教学资源库
			2. 城市高架桥中各种板梁、T 梁和箱梁主要尺寸的拟定方法的认知	分组拟定城市高架桥中各种板梁、T 梁和箱梁主要尺寸		
			3. 钢筋混凝土板梁和 T 梁的配筋构造的认知	识读钢筋混凝土桥梁的施工图	6	
			4. 预应力混凝土板梁、T 梁和箱梁的配筋构造的认知	识读预应力混凝土板梁、T 梁和箱梁的施工图		
			5. 肋拱（钢筋混凝土肋拱和钢管混凝土肋拱）和箱拱的构造组成的认知	1. 分组制作肋拱（钢筋混凝土肋拱和钢管混凝土肋拱）和箱拱的构造组成 PPT 并讲解，教师点评 2. 现场参观肋拱（钢筋混凝土肋拱和钢管混凝土肋拱）和箱拱	2	
			6. 门式刚构桥的构造组成和配筋构造、连续刚构桥的构造组成和配筋构造的认知	1. 分组制作门式刚构桥的构造组成 PPT 并讲解，教师点评 2. 现场参观门式刚构桥的	2	
			7. 斜拉桥的构造组成、悬索桥的构造组成的认知	1. 分组制作斜拉桥的构造组成 PPT 并讲解，教师点评 2. 分组制作悬索桥的构造组成 PPT 并讲解，教师点评	2	

续上表

序号	项　目	能力要求	工作过程	教学活动设计	参考学时	教学资源
3	项目三 城市高架桥下部结构构造	**知识：** 掌握城市高架桥下部结构构造的类型及其结构 **技能：** 能说明城市高架桥下部结构构造 **素质：** 培养认真的学习态度	扩大基础、桩基础和沉井基础的构造组成的认知	分组制作扩大基础、桩基础和沉井基础的构造组成 PPT 并讲解，教师点评	6	1. 设备：电脑、投影仪 2. 资源库：教学资源库
			重力式墩台的构造组成的认知	分组制作重力式墩台的构造组成 PPT 并讲解，教师点评		
			薄壁墩的构造组成的认知	分组制作薄壁墩的构造组成 PPT 并讲解，教师点评		
4	项目四 桥梁的施工设备	**知识：** 掌握桥梁的施工设备种类及构造 **技能：** 能根据实际情况选择施工设备及机械 **素质：** 培养认真的学习态度	1. 贝雷梁、万能杆件、钢管脚手架的构造、适用条件的认知	分组制作桥梁的施工设备 PPT 并讲解，教师点评	2	1. 设备：电脑、投影仪 2. 资源库：教学资源库
			2. 混凝土搅拌设备、混凝土运输设备、混凝土泵送设备适用条件的认知	参观实训基地凝土搅拌设备、预应力设备等	2	
			3. 应力锚固体系、预应力千斤顶构造、特点、施工要点的认知	给一个工程案例，要求学生正确选择施工设备	2	
			4. 卷扬机、龙门架、架桥机与造桥机构造及适用条件的认知			
5	项目五 城市高架桥基础施工	**知识：** 掌握桥梁施工工艺与施工要点 **技能：** 能够进行不同基础类型施工方案的编制 **素质：** 培养认真的学习态度	1. 明挖扩大基础施工工艺与施工要点的认知	分组制作城市高架桥基础类型构造 PPT 并讲解，教师点评	2	1. 设备：电脑、投影仪 2. 资源库：教学资源库
			2. 沉井基础的施工工艺与施工要点的认知	参观扩大基础、桩基础实训基地	2	
			3. 桩基础施工工艺与施工要点的认知	编扩大基础施工方案、桩基础施工方案	4	

续上表

序号	项目	能力要求	工作过程	教学活动设计	参考学时	教学资源
6	项目六 城市高架桥墩台施工	**知识：** 掌握城市高架桥墩台施工工艺与施工要点 **技能：** 能够进行城市高架桥墩台施工方案的编制 **素质：** 培养认真的学习态度	1. 重力式墩台施工（浇筑或砌筑）的方法和过程的认知	分组制作城市高架桥墩台类型构造 PPT 并讲解，教师点评	2	1. 设备：电脑、投影仪 2. 资源库：教学资源库
			2.（桩）柱式墩台施工的方法和过程的认知	参观实训基地桥墩台	2	
			3. 高墩（薄壁空心墩）的施工方法和设备工作原理的认知	编制（桩）柱式墩台施工方案	2	
7	项目七 城市高架桥上部结构施工	**知识：** 掌握城市高架桥上部结构的施工方法和施工工艺 **技能：** 能够进行不同类型城市高架桥上部结构施工方案的编制 **素质：** 培养认真的学习态度	1. 上部结构支架法现浇的施工方法、工艺流程、技术指标和质量控制 2. 钢筋混凝土板梁预制工艺 3. 先张法预应力混凝土板梁施工工艺	分组制作城市高架桥上部结构施工方法 PPT 并讲解，教师点评	6	1. 设备：电脑、投影仪 2. 资源库：教学资源库
			4. 后张法预应力混凝土板梁施工工艺 5. 上部结构构件安装方法及安全技术 6. 预应力混凝土连续梁桥逐孔架设法施工工艺和要求	参观实训基地预应力梁桥	8	
			7. 预应力混凝土连续梁顶推法施工工艺和要求 8. 预应力混凝土连续梁桥移动模架法施工工艺和要求 9. 悬臂施工的工艺原理、过程及施工设备的组成和设备工作原理	编制后张法简支板桥施工方案、编制逐孔施工简支梁桥施工方案	8	
机动					2	
合计					72	

(2)应根据本标准制订的教学目标,按完成工作任务的生产过程,结合职业技能鉴定要求组织教材内容。

(3)教材内容应贴近本专业的发展和实际需要。

3. 教材、教学参考资料使用建议

由于桥涵施工标准往往会更新,所以在选择参考资料时,应该注意采用新标准的参考资料。

本课程教学可参考以下资料:

(1)中华人民共和国行业标准,公路工程技术标准(JTG B01—2014),人民交通出版社股份有限公司,2014 年出版。

(2)中华人民共和国行业标准,公路桥涵设计通用规范(JTG D60—2015),人民交通出版社股份有限公司,2015 年出版。

(3)中华人民共和国行业标准,公路圬工桥涵设计规范(JTG D61—2005),人民交通出版社股份有限公司,2005 年出版。

(4)中华人民共和国行业标准,公路桥涵施工技术规范(JTG F50—2011),人民交通出版社股份有限公司,2011 年出版。

(5)李辅元,桥梁工程,人民交通出版社,2005 年出版。

(6)王常才,桥涵施工技术,人民交通出版社,2008 年出版。

(7)薛安顺、陈秋玲等,桥梁工程技术,高等教育出版社,2009 年出版。

(8)郭发忠,桥涵工程,人民交通出版社,2005 年出版。

(9)中华人民共和国行业标准,公路工程质量检验评定标准(JTG F80—2004),人民交通出版社,2004 年出版。

(二)教学建议

1. 教学条件

(1)软硬件条件。配备电脑网络多媒体教学系统的教室,桥梁的现场实习基地,使学生能够学与实践相结合。

(2)师资条件。组成一支职称结构、学历结构、年龄结构、专兼比例合理的"双师"结构师资队伍。主讲教师具有硕士以上学历和中级以上职称,能综合实施项目教学法、任务驱动法、引导文法等各种行动导向教学法,能较好地掌握计算机技术、网络技术等新知识、新技能,具有相关职业资格证书,动手能力强;带领实习的辅助教师应具有较强的职业技能,具有较丰富的企业一线工作经验,具有高级工以上职业资格证书。

2. 教学方法

按照"以教师为主导,以学生为中心,面向岗位,培养较强岗位能力"的教学理念,以调动学生积极性为核心,以职业能力培养为主线,对不同的知识点运用各种恰当、有效的教学方法,合理构建理论教学和实践教学体系,着眼于突出学生的城市轨道桥梁施工能力的培养,采用灵活多样的教学方法相结合。针对不同的学习任务,选用不同的教学方法,建议采用如下教学方法。

(1)在教学过程中,应立足于加强学生综合性专业素质、能力的培养,采用项目导向、任务引导提高学生学习兴趣,激发学生的成就动机。

(2)本课程教学的关键是如何处理好“理论与实践教学一体化”。在教学过程中,教师示范和学生分组讨论、训练互动,学生提问与教师解答、指导有机结合,让学生在“教”与“学”的过程中,会进行桥梁施工放样与质量控制等施工现场技术管理。

(3)在教学过程中,要创设工作情境,同时应加大实际操作的容量,要紧密结合职业技能鉴定的要求,加强考证的实操项目的训练,在实际操过程中提高学生的岗位适应能力。

(4)在教学过程中,要应用多媒体、投影等教学资源辅助教学,帮助学生熟悉工地现场的施工过程及控制要点。

(5)在教学过程中,要重视本专业领域新技术、新工艺、新材料的发展趋势,贴近工地现场。为学生提供职业生涯发展的空间,努力培养学生参与社会实践的创新精神和职业能力。

(6)教学过程中教师应积极引导学生提升职业素养,提高职业道德。整个教学过程要求由工程实践经验丰富的“双师型”教师团队组织完成。

(三)教学考核评价建议

(1)改革传统的学业评价手段和方法,采用阶段评价、过程性评价与目标评价相结合,理论与实践一体化的评价模式。

(2)关注评价的多元性,结合课堂提问、学生作业、平时测验、实验实训、技能竞赛及考试情况,综合评价学生成绩。

(3)应注重学生动手能力和实践中分析问题、解决问题能力的考核,对在学习和应用上有创新的学生应予特别鼓励,全面综合评价学生能力。

由注重知识考核,变革为注重能力考核,采用形成性考核评价方法。

①期中考试占20%,期末考查占40%,完成实训任务占20%,教师评价占10%,学生自评占10%。

②项目评价采用教师评价和学生自评相结合的形式,即“组长系数制”。每项项目完成后,由各小组提交一份成果报告,内容越丰富越有内涵,全组加分越高;适当时候进行小组答辩,对项目实施能提出新的观点及一些好的建议或相关案例的,适当加分。教师先给出各小组得分,组长再根据组员在工作完成中所起的作用和表现状况,初定组员系数(0.8~1.1),再经教师和班干部、组长开“碰头会”对系数进行调整确认,最后小组分乘系数,得各组员的得分。

(四)课程资源的开发与利用

(1)注重课程资源和现代化教学资源的开发和利用,这些资源有利于创设形象生动的工作情境,激发学生的学习兴趣,促进学生对知识的理解和掌握。同时,建立多媒体课程资源的数据库,努力实现跨学校多媒体资源的共享,以提高课程资源利用效率。

(2)积极开发和利用网络课程资源,充分利用诸如电子书籍、电子期刊、数据库、数字图书馆、教育网站和电子论坛等网上信息资源,使教学从单一媒体向多种媒体转变,使教学活动从信息的单向传递向双向交换转变,使学生单独学习向合作学习转变。

(3)产学合作,开发实验实训课程资源,充分利用本行业典型的生产企业的资源,进行产学合作,建立实习实训基地,实践“工学”交替,满足学生的实习实训,同时为学生的就业创造机会。

(4)建立本专业开放仿真实训基地、实训中心,使之具备现场教学、试验实训、职业技能鉴定的功能,实现教学与实训合一、教学与培训合一、教学与技能鉴定合一,满足学生综合职业能力培养的要求。

(五)其他说明

(1)本课程标准适用于新疆交通职业技术学院城市轨道交通工程技术专业。

(2)鉴于高职生源的多样性,在实施中要编好班组,宜于取长补短,共同提高。

(3)主讲教师和辅助教师在项目化教学时要适时提供相关资料的索引,让学生自己去查阅,充分调动学生自主学习的积极性,确保按时完成任务。

课程 11　城市轨道交通隧道及地下工程施工技术

课程名称:城市轨道交通隧道及地下工程施工技术

课程类型:专业核心课程

建议学时:72 学时(理论 40 学时,实践 32 学时)

适用对象:城市轨道交通工程技术专业

一、前言

(一)课程定位

本课程是城市轨道交通工程技术专业的一门专业核心课,在地下铁道工程施工中应用广泛,要求技能高,是地下铁道施工技术人员必备技能之一。

本课程引入行业规范和标准,培养地下铁道施工技术人员、施工员、质量检验员等。通过本课程的学习,学生可以获得地下铁道施工岗位所需的技能。

本门课程的先修课程有岩土工程基础、轨道工程测量、工程图绘制与识读。本门课程的后续课程有城市轨道交通轨道养护与管理、建设工程法律法规。

(二)设计思路

(1)紧扣城市轨道交通工程技术专业的人才培养方案,以校企合作、工学结合为理念,校企共同进行课程建设和课程教学。

(2)使学生掌握有关施工方面的知识,力求将地下铁道施工工程基本概念、设计与施工等内容有机地融为一体,使学生在学完这门课程后对地下铁道施工各个方面知识有比较全面、系统、深入的了解,具备从事地下铁道施工、管理的基本知识和能力。

(3)将职业素质培养、职业资格考证融入课程,实施教学做一体化法和过程性评价方法,以此发展学生的职业能力和职业素养。

二、课程目标

(一)知识目标

(1)地下铁道工程测量。

(2)地下铁道车站施工中的钻孔灌注桩、基坑及主体结构施工。

(3)明挖法、盖挖法及暗挖法施工。

(4)辅助工法施工。
(5)初期支护类型及参数、二次衬砌施工。
(6)地下铁道的防排水施工。
(7)监控量测施工、监控测量数据处理及应用。

(二)技能目标

(1)能够编制地铁车站、区间隧道施工作业指导书。
(2)能够组织车站、区间隧道施工作业。
(3)能够掌握盾构选型及组织盾构施工作业。
(4)能够掌握地下铁道工程测量并进行地下铁道施工放样。
(5)能够掌握组织沉管法隧道施工作业。
(6)能够进行明挖法施工监测项目的量测工作、浅埋暗挖法施工量测工作及盾构法施工监测项目的量测工作,并对监控量测数据进行处理。

(三)素质目标

(1)通过技能训练小组的分工协作,提高学生团结协作、吃苦耐劳、诚信为本的能力。
(2)培养学生严谨的工作态度和信息收集、处理的能力。
(3)培养学生独立思考、综合分析问题和解决问题的能力。
(4)培养学生在现有知识及技能的基础上不断开拓、创新的能力。
(5)增强学生自我保护意识,树立警钟长鸣、按章作业的安全意识和质量意识,培养学生对突发事件的应急处理能力。

三、课程内容与要求

根据专业课程目标和涵盖的要求,确定课程内容和要求,说明学生应获得的知识、技能,见表3-2。实训项目和要求见表3-3。

四、实施建议

(一)教材选用和编写建议

1.教材选用

本课程主教材暂使用人民交通出版社出版,王运周、曲劲松主编的《隧道及地下工程技术》。该教材是全国城市轨道交通专业高职高专规划教材。

2.教材、教学参考资料

由于地下铁道施工标准往往会更新,所以在选择参考资料时,应该注意采用新标准的参考资料。

主要参考书及参考资料:
(1)毛红梅,地下铁道,人民交通出版社,2008年出版。
(2)朱永全、宋玉香,隧道工程,中国铁道出版社,2008年出版。
(3)高少强、隋修志,隧道工程,中国铁道出版社,2009年出版。

城市轨道交通隧道及地下工程施工技术课程内容与要求

表 3-2

序号	项　目	能力要求	工作过程	教学活动设计	参考学时	教学资源
1	项目一 浅埋暗挖法隧道施工	**知识：** 1. 隧道基本概念 2. 超前地质预报 3. 围岩分级 4. 平纵断面设计指标及限界 5. 隧道构造及附属设备 6. 车站施工 7. 浅埋暗挖法区间隧道施工 8. 盖挖法施工上机操作 **技能：** 1. 能够描述隧道基本概念 2. 能够描述超前地质预报方法及原理 3. 能够进行隧道围岩分级 4. 能够描述平纵断面设计指标及限界 5. 能够描述隧道构造及附属设备 6. 能够描述车站施工方法及步骤 7. 能够描述浅埋暗挖法区间隧道施工方法及步骤 8. 熟练掌握盖挖法施工上机操作方法 **素质：** 1. 培养学生独立思考、综合分析问题和解决问题的能力 2. 通过技能训练小组的分工协作，提高学生团结协作能力	1. 隧道开挖 2. 隧道初期支护 3. 铺设防水层 4. 二次衬砌施工 5. 盖挖顺作施工—场地平整 6. 控制网布设 7. 围护桩施工 8. 格构柱施工 9. 井点降水 10. 支撑梁施工 11. 第一道钢支撑施工 12. 第二道钢支撑施工 13. 地下二层底板施工 14. 地下二层侧墙施工 15. 地下一层底板施工 16. 地下一层侧墙施工 17. 顶板施工 18. 土方回填 19. 盖挖逆作施工—场地平整 20. 控制网布设 21. 地下连续墙施工 22. 中间立柱施工 23. 降水 24. 土方开挖 25. 中层土方开挖 26. 中层底板施工 27. 侧墙施工 28. 下层土方开挖 29. 下层底板施工 30. 下层侧墙施工	1. 教师提供隧道相关资料 2. 分组，5 人/组，学生根据需要选择适当的施工方法并分组进行汇报 3. 制作项目实施行动计划书，小组成员介绍人员分工，制订小组公约 4. 编制施工方案 5. 小组互换审查所编制的方案 6. 分组汇报，教师评价	14	多媒体资源、网络资源、地隧软件

续上表

序号	项目	能力要求	工作过程	教学活动设计	参考学时	教学资源
2	项目二 盾构隧道施工	**知识：** 1. 盾构特点、构造、基本原理 2. 盾构法施工 3. 盾构法仿真软件上机操作 **技能：** 1. 描述盾构特点、构造、基本原理 2. 能够描述盾构法施工步骤 3. 熟练掌握盾构法仿真软件操作 **素质：** 1. 通过技能训练小组的分工协作，提高学生团结协作、吃苦耐劳、诚信为本的能力 2. 培养学生自学和独立思考能力、综合分析问题和解决问题的能力	1. 竖井开挖 2. 盾构始发 3. 正常掘进 4. 同步注浆 5. 管片拼装 6. 盾构到达 7. 盾构调头	1. 教师提供隧道相关资料 2. 分组，5 人/组，学生根据需要选择适当的施工方法并分组进行汇报 3. 制作项目实施行动计划书，小组成员介绍人员分工，制订小组公约 4. 编制施工方案 5. 小组互换审查所编制的方案 6. 分组汇报，教师评价	8	多媒体资源、网络资源、地隧软件
3	项目三 TBM 隧道施工	**知识：** 1. 掘进机特点、构造、基本原理 2. 掘进机法施工 **技能：** 1. 能够描述掘进机特点、构造及原理 2. 能够描述掘进机法施工步骤 **素质：** 1. 通过技能训练小组的分工协作，提高学生团结协作、吃苦耐劳、诚信为本的能力 2. 培养学生自学和独立思考能力、综合分析问题和解决问题的能力	1. TBM 组装 2. TBM 始发 3. TBM 掘进 4. 支护 5. TBM 到达	1. 教师提供隧道相关资料 2. 分组，5 人/组，学生根据需要选择适当的施工方法并分组进行汇报 3. 制作项目实施行动计划书，小组成员介绍人员分工，制订小组公约 4. 编制施工方案 5. 小组互换审查所编制的方案 6. 分组汇报，教师评价	6	多媒体资源、网络资源、地隧软件

续上表

序号	项目	能力要求	工作过程	教学活动设计	参考学时	教学资源
4	项目四 沉管隧道施工	**知识：** 1. 干坞制作 2. 管段预制 3. 管段浮运方法 4. 管段沉放步骤 5. 基础处理 6. 覆土回填 **技能：** 1. 描述管段预制方法 2. 描述管段浮运方法 3. 描述管段沉放方法 4. 描述基础处理方法 **素质：** 1. 通过技能训练小组的分工协作，提高学生团结协作、吃苦耐劳、诚信为本的能力 2. 培养学生自学和独立思考能力、综合分析问题和解决问题的能力	1. 干坞预制 2. 管段预制和基槽清淤 3. 管段浮运至隧址 4. 管段沉放至基槽 5. 基础处理 6. 覆土回填	1. 教师提供隧道相关资料 2. 分组，5 人/组，学生根据需要选择适当的施工方法并分组进行汇报 3. 制作项目实施行动计划书，小组成员介绍人员分工，制订小组公约 4. 编制施工方案 5. 小组互换审查所编制的方案 6. 分组汇报，教师评价	6	多媒体资源、网络资源、地隧软件
机动					4 ~ 6	
合计					38 ~ 40	

实训项目和要求　表3-3

实训项目	教学设计	实训任务要求	参考课时
洞内外观察	校内实训场演练	目的清晰、仪器选用正确、严格按照实训指导书完成监控量测工作	2
衬砌前净空变化	校内实训场演练		4
拱顶下沉	校内实训场演练		2
地表下沉	校内实训场演练		4
二次衬砌后净空变化	校内实训场演练		4
隧底隆起	校内实训场演练		2
围岩内部位移	校内实训场演练		2
围岩压力	校内实训场演练		4
二次衬砌接触压力	校内实训场演练		2
钢架受力	校内实训场演练		4
喷混凝土内力	校内实训场演练		2
合计			32

(二)教学建议

1. 教学条件

(1)软硬件条件。

配备电脑网络多媒体教学系统的教室和地下铁道施工现场,使学生能够学与实践相结合。

(2)师资条件。

组成一支职称结构、学历结构、年龄结构、专兼比例合理的课程教学"双师"结构师资队伍。主讲教师具有硕士以上学历和中级以上职称,能综合实施项目教学法、任务驱动法、引导文法等各种行动导向教学法,能较好地掌握计算机技术、网络技术等新知识新技能,并具有相关职业资格技能证书,动手能力强;带领实习的辅助教师应具有较强的职业技能,具有较丰富的企业一线工作经验,具有高级工以上职业资格证书。

2. 教学方法

贯彻"以学生为中心"的教学理念,实施行动导向教学方法,学生以小组形式,在教师的引导下通过项目的完成,达到专业知识学习和专业技能训练的目的。创造学习环境,创设有利于学生对知识意义构建的教学情境,在教学情境下使学生能够独立思考、共同探索、分工协作,使教师从知识传授者的角色转为学生学习过程的组织者、咨询者和指导者,使教学过程向学生自觉学习过程转化。每项工作任务完成后,各小组提交一份成果报告。

(三)教学考核评价建议(表3-4)

(1)改革传统的学业评价手段和方法,采用阶段评价、过程性评价与目标评价相结合,理论与实践一体化的评价模式。

(2)关注评价的多元性,结合课堂提问、学生作业、平时测验、实验实训、技能竞赛及考试情况,综合评价学生成绩。

(3)应注重学生动手能力和实践中分析问题、解决问题能力的考核,对在学习和应用上有创新的学生应予特别鼓励,全面综合评价学生能力。

教学考核评价 表3-4

序 号	评价方式	评价方法	所占比例(%)
1	期中考试	根据试卷要求评定成绩	20
2	学生自评	学生根据成绩评分标准,对实施过程进行自评,给出相应的成绩	10
3	学生互评	学生互相交流,互相评价	10
4	教师评价	教师根据学生的学习态度、工作态度、团结协作精神、出勤率、敬业爱岗和职业道德等,并结合项目实施过程的各个环节进行评价	10
5	期末考试	根据试卷要求评定成绩	50
总计			100

(四)课程资源的开发与利用

(1)注重课程资源和现代化教学资源的开发和利用,这些资源有利于创设形象生动的工作情境,激发学生的学习兴趣,促进学生对知识的理解和掌握。同时,建立多媒体课程资源的数据库,努力实现跨学校多媒体资源的共享,以提高课程资源利用效率。

(2)积极开发和利用网络课程资源,充分利用诸如电子书籍、电子期刊、数据库、数字图书馆、教育网站和电子论坛等网上信息资源,使教学从单一媒体向多种媒体转变,使教学活动从信息的单向传递向双向交换转变,使学生单独学习向合作学习转变。

(3)产学合作,开发实验实训课程资源,充分利用本行业典型的生产企业的资源,进行产学合作,建立实习实训基地,实践"工学"交替,满足学生的实习实训,同时为学生的就业创造机会。

(4)建立本专业开放仿真实训基地、实训中心,使之具备现场教学、实验实训、职业技能鉴定的功能,实现教学与实训合一、教学与培训合一、教学与技能鉴定合一,满足学生综合职业能力培养的要求。

(五)其他说明

(1)本课程标准适用于新疆交通职业技术学院城市轨道交通工程技术专业。

(2)鉴于高职生源的多样性,在实施中要编好班组,宜于取长补短,共同提高。

(3)主讲教师和辅助教师在项目化教学时要适时提供相关资料的索引,让学生自己去查阅,充分调动学生自主学习的积极性,确保按时完成任务。

课程12　城市轨道交通轨道施工技术

课程名称:城市轨道交通轨道施工技术
课程性质:专业核心课
建议学时:60学时
适用专业:城市轨道交通工程技术

一、前言

(一)课程定位

本课程是城市轨道交通工程技术专业的一门专业核心课,通过对城市轨道交通工程技术专业职业工作岗位进行充分调研和分析,并整合、优化已取得的教育教学研究成果,借鉴项目教学、基于工作过程等国内外先进的教育理念,采用校企合作、工学结合,紧密结合企业真实生产项目进行“做中学”教学。

随着加强基础设施建设投资政策不断推出,城市轨道交通工程行业将快速发展,相关行业企业对城市轨道交通工程施工、监测等方面的人才需求量快速上升。需求岗位包括城市轨道桥梁施工、地铁施工技术、检测、工程试验、工程测量等。结合岗位的需求,确定课程面向的职业岗位主要有城市轨道交通轨道施工技术员、质检员、实验员、测量员等。

前期要以工程图绘制与识读、力学与结构、轨道工程测量、建筑工程材料、岩土工程基础等课程学习为基础,后续可通过生产实习加强轨道施工、维护技能。后续课程有城市轨道交通轨道养护与管理、建设工程法律法规、轨道交通运营与管理等。

(二)教学设计思路

本课程总体设计思路是:参照目前国内外轨道施工特点,按照施工工序、施工方法,结合现行的规范、标准、地方性行业规范等的要求,通过基本理论、实践操作、结合实际使学生在具体项目的实施过程中学会完成相应工作任务,并构建相关理论知识,发展职业能力。课程内容突出对学生职业能力的训练,理论知识的选取紧紧围绕工作任务完成的需要来进行,同时充分考虑高等职业技术教育对理论知识学习的需要,并融合相关职业资格证书对知识、技能、态度的要求。

教学过程中,要通过校企合作、校内实训基地建设等多种途径,采取工学结合等形式,充分开发学习资源,给学生提供丰富的实践机会。教学效果评价采取过程评价与结果评价相结合的方式,通过理论与实践相结合,重点评价学生的职业能力。

本课程安排在第二学期进行,建议本课程课时为60课时。

二、课程目标

(一)知识目标

(1)掌握钢轨的功用和类型。

(2)了解钢轨损伤和钢轨接头的检测及施工方法。

(3)了解有砟轨道的结构形式和组成。

(4)了解无砟轨道结构。

(5)了解道岔的种类和单开道岔的构造,掌握道岔的几何形位。

(6)了解城市轨道交通线路平面与纵断面及线路限界、轨道几何形位基本要素、曲线轨道轨距加宽、曲线轨道外轨超高、缓和曲线、缩短轨、曲线轨道方向整正。

(7)了解轨道结构垂向受力分析及计算方法、无砟轨道弹性支承叠合梁计算,掌握曲线轨道横向受力分析。

(8)了解振动的产生、评价方法、标准和噪声的产生、评价方法、标准,掌握轨道交通减振降噪技术措施。

(9)了解无砟轨道的施工,掌握道岔的施工,了解一次性铺设无缝线路的施工。

(二)技能目标

要求学生能熟练掌握轨道构造、施工及简单轨道力学计算,能够对城市交通线路进行轨道工程施工,熟练掌握轨道检测与养护技能,能够进行检测与养护工作。主要内容如下。

(1)能从事轨道线路勘测设计和施工组织的相关工作。

(2)能从事轨道结构物施工、养护、维修及大中修的相关工作

(3)培养工作及学习过程中获取知识的能力、应用知识的能力、团结协作的能力、自主创新的能力。

(三)素质目标

(1)提高学生团结协作、吃苦耐劳、诚信为本的能力。

(2)培养学生严谨的工作态度和信息收集、处理的能力。

(3)培养学生自学、独立思考、综合分析问题和解决问题的能力。

(4)培养学生在现有知识及技能的基础上不断开拓创新的能力。

(5)增强学生自我保护意识,树立警钟长鸣、按章作业的安全意识和质量意识,培养学生对突发事件的应急处理能力。

三、课程内容与要求(表3-5)

城市轨道交通轨道施工技术课程内容与要求 表3-5

序号	项目	能力要求	工作过程	教学过程设计	参考学时	教学资源
1	轨道结构认知	知识: 轨道结构各组成部分的作用、类型、组成及设置	1. 钢轨	1. 掌握钢轨的作用	6	多媒体教学设备、轨道结构模型
				2. 掌握钢轨的类型		
				3. 熟悉钢轨的组成及设置		

续上表

序号	项目	能力要求	工作过程	教学过程设计	参考学时	教学资源
1	轨道结构认知	**技能：** 了解各组成部分的功用和类型，掌握各组成部分的要求 **素质：** 培养认真的学习态度和严谨的工作态度	2. 轨枕	1. 掌握轨枕的作用	6	多媒体教学设备、轨道结构模型
				2. 掌握轨枕的类型		
				3. 熟悉轨枕的组成及设置		
			3. 连接零件	1. 掌握连接零件的作用		
				2. 掌握连接零件的类型		
				3. 熟悉连接零件的组成及设置		
			4. 道床	1. 掌握道床的作用		
				2. 掌握道床的类型		
				3. 熟悉道床的组成及设置		
			5. 防爬设备	1. 掌握防爬设备的作用		
				2. 掌握防爬设备的类型		
				3. 熟悉防爬设备的组成及设置		
			6. 道岔	1. 掌握道岔的作用		
				2. 掌握道岔的类型		
				3. 熟悉道岔的组成及设置		
2	轨道几何形位	**知识：** 学习和掌握轨道几何行位的基本要素 **技能：** 掌握轨道几何形位各要素的计算及检测方法 **素质：** 培养认真的学习态度和严谨的工作态度	1. 轨距	1. 掌握定义	16	多媒体教学设备、轨道结构模型
				2. 如何设置		
			2. 水平	1. 掌握定义		
				2. 如何设置		
			3. 高低	1. 掌握定义		
				2. 如何设置		
			4. 方向	1. 掌握定义		
				2. 如何设置		
			5. 轨底坡	1. 掌握定义		
				2. 如何设置		
			6. 超高	1. 掌握定义		
				2. 如何设置		
			7. 加宽	1. 掌握定义		
				2. 如何设置		
			8. 缩短轨	1. 掌握定义		
				2. 如何设置		

续上表

序号	项目	能力要求	工作过程	教学过程设计	参考学时	教学资源
3	道岔结构	**知识：** 学习和掌握道岔的类型、单开道岔的组成及设置 **技能：** 掌握单开道岔的组成及设置 **素质：** 培养认真的学习态度和严谨的工作态度	1. 道岔的类型	掌握道岔的常见类型	8	多媒体教学设备、轨道结构模型
			2. 单开道岔的组成	掌握单开道岔的结构组成		
			3. 单开道岔的施工	了解道岔如何施工		
4	轨道结构力学分析	**知识：** 学习和理解轨道结构力学分析 **技能：** 能对轨道结构的受力进行简单的分析计算 **素质：** 培养认真的学习态度和严谨的工作态度	1. 轨道结构垂向受力分析	1. 学会受力分析	8	多媒体教学设备、轨道结构模型
				2. 了解计算方法		
				3. 了解分析过程		
			2. 轨道结构横向受力分析	1. 学会受力分析		
				2. 了解计算方法		
				3. 了解分析过程		
5	轨道结构的施工过程	**知识：** 学习和了解不同轨道结构的施工过程 **技能：** 熟悉不同轨道结构的施工步骤 **素质：** 培养认真的学习态度和严谨的工作态度	1. 有砟轨道	1. 掌握有砟轨道的定义及特点	12	多媒体教学设备、轨道结构模型
				2. 掌握有砟轨道的结构组成		
				3. 熟悉有砟轨道的施工方法及施工工艺		
			2. 无砟轨道	1. 掌握无砟轨道的定义及特点		
				2. 掌握无砟轨道的结构组成		
				3. 熟悉无砟轨道的施工方法及施工工艺		
			3. 无缝线路	1. 掌握无缝线路的定义及特点		
				2. 掌握无缝线路的结构组成		
				3. 熟悉无缝线路的施工方法及施工工艺		

续上表

<table>
<tr><th>序 号</th><th>项 目</th><th>能 力 要 求</th><th>工作过程</th><th>教学过程设计</th><th>参考学时</th><th>教学资源</th></tr>
<tr><td rowspan="4">6</td><td rowspan="4">铁路与城市轨道交通的振动与噪声</td><td rowspan="4">**知识：**
了解铁路与城市轨道交通的振动与噪声产生的原因
技能：
了解如何降低铁路与城市轨道交通的振动与噪声
素质：
培养认真的学习态度和严谨的工作态度</td><td rowspan="2">1. 铁路与城市轨道交通的振动</td><td>1. 掌握振动的产生及评价方法</td><td rowspan="4">4</td><td rowspan="4">多媒体教学设备、轨道结构模型</td></tr>
<tr><td>2. 了解轨道交通减振技术措施</td></tr>
<tr><td rowspan="2">2. 铁路与城市轨道交通的噪声</td><td>1. 掌握噪声的产生及评价方法</td></tr>
<tr><td>2. 了解轨道交通降噪技术措施</td></tr>
<tr><td colspan="5">机动</td><td colspan="2">6</td></tr>
<tr><td colspan="5">合计</td><td colspan="2">60</td></tr>
</table>

四、实施建议

（一）教材选用和编写建议

本课程教材建议使用人民交通出版社出版、练松良主编的《轨道工程》以及自编的《轨道工程实习指导书》。

由于目前没有真正适用的教材，所以需编写教材。在编写适用的教材时，内容应该与本课程的编排模块基本一致，容量上应该至少多于规定课时大约10课时，这部分的内容主要用于学生课外阅读与自行提升。

依据本课程标准编写教材，应充分体现任务引领、实践导向课程的情境设计思想，按照施工的工艺流程分解成若干工作任务，并对各任务阶段可能出现的施工缺陷及规避的方法进行分析。

教材应图文并茂，提高学生的学习兴趣，加深学生对材料实验的认识和理解。教材中实训部分应附有相应的动画和视频。

教材内容应体现先进性、通用性、实用性、适用性，要将本专业新技术、新工艺、新设备、新材料及时纳入教材中，使教材更贴近本专业的发展和专业技能的需要。

（二）教学建议

开展实践轨道工程的教学。通过多功能、多层次的现场实习实验环境，开拓学生思路，提高学生动手实践技能，实现教学的直观性和互动性，以推动轨道工程理论与实践的结合。同时，完善实训条件，加强校企合作，依托于学校实验资源和乌鲁木齐地铁施工项目，强化学生课程实习及案例教学，以培养学生面向问题、分析问题、解决问题的综合能力，完善学生知识结构，并激发其专业积极性及学习主动性。

在理论部分的讲授过程中，借助于多媒体与板书相结合的手段，由浅入深、精细地讲解原理的本质，启发学生深入思考。在授课过程中采取教师自问自答、提问与学生回答、学生上讲台进行相关讨论等互动方式调动学生的学习积极性。

（三）教学考核评价建议

根据工程特点，本课程应注重学生动手操作能力的培养。课程的成绩分为理论部分、操作部分和平时成绩三部分,学生成绩按百分计。

考核组织和考核形式如下:

(1)采用过程性评价,做到理论和实际相结合。

(2)关注评价的多元性,结合实施过程抽查、操作、测验和考试,综合评价学生的成绩。

(3)应注重学生的动手能力和实践分析问题、解决问题能力的考核,全面综合评价学生能力。

(4)本课程的总评成绩 = 平时成绩(20%)+ 实习实训成绩(50%)+ 期末考核成绩(30%)。

(四)课程资源的开发与利用

(1)注重课程资源和现代化教学资源的开发和利用,激发学生的学习兴趣,促进学生对知识的理解和掌握。同时,建议加强课程资源的开发,建立多媒体课程资源的数据库,实现资源共享,以提高课程资源利用效率。

(2)积极开发和利用网络课程资源,使教学方式和教学手段更加趋向合理。

(3)校企合作,积极拓展实验教学资源建设,建立实习实训基地,实践"工学"交替,满足学生实习实训需要,同时为学生提供就业机会。

(4)完善校内实习实训基地建设,满足学生综合职业能力培养的要求。

(五)其他说明

(1)该课程涉及内容广泛,基本理论复杂,工程实践性强,因此,要求学生课后必须安排足够的时间进行复习和巩固。

(2)随着课程改革的深入,为了让学生的学习更加贴近生产实际,满足新技术、新工艺、新规范的要求,应不断更新教学内容,使之与施工实践同步。

课程 13　城市轨道交通工程施工风险控制技术

课程名称：城市轨道交通工程施工风险控制技术
课程性质：专业核心课
建议学时：60 学时
适用专业：城市轨道交通工程技术

一、前言

（一）课程定位

本课程主要从轨道交通工程相关法律法规、规范标准、建设风险分析、施工过程控制、安装监控、施工监测、应急管理等方面对轨道交通工程建设做了较详细的介绍，并辅以近年来发生的轨道交通工程质量安全典型事故案例，对轨道交通工程建设过程中不同的质量安全风险控制措施全面加以阐述，总结了历年来我国城市轨道交通建设风险控制的理论与实践经验。

本课程介绍城市轨道交通工程的相关法律法规和标准规范，轨道交通工程的施工、施工监测、机电设备安装等技术要点、风险应急管理风险控制技术，并对近年来发生在城市轨道交通工程质量安全方面的事故案例进行分析介绍。

本课程是一门新兴的管理科学。它是指各经济单位通过风险识别、风险估测、风险评价等方式，并在此基础上优化组合各种风险管理技术，对风险实施有效的控制和妥善处理风险所致损失的后果，期望达到以最小的成本获得最大安全保障目标的管理过程。

本课程是高等院校城市轨道交通工程技术专业的一门重要的专业核心课程。要求学生在学习这门课程之后，能够掌握风险管理的基本原理，掌握风险识别、风险估测、风险评价的方法和技能，并能在此基础上优化组合各种风险管理技术，对风险实施有效的控制和妥善处理风险所致的损失。

（二）教学设计思路

以高职高专学生学习特征为基础，以职业能力形成为导向，将课程模式转变为基于工作过程的课程模式，在相关的实践教学环节及教学硬件的支持下完善加强本课程的实践性和可操作性。在课堂上使学生通过完成具体工作任务学会操作技能，养成职业观念和实践工作能力。课程教学过程重视工作流程学习，注重讲、练、做一体化学习过程和实践技能考核。

按照情境学习理论的观点，只有在实际情境中学生才可能获得真正的职业能力，并获得理论认知水平的发展，因此本课程要求打破纯粹讲述理论知识的教学方式，实施项目教学以改变学与教的行为。每个项目的学习都以案例为切入或穿插进行，以工作任务为中心整合理论与实践，实现理论、案例与实践的一体化教学。教学效果评价采取过程评价与结果评价相结合的方式，通过理论与实践相结合，重点评价学生的职业能力。本门课程建议学时为60学时，其中理论32学时、实践28学时。

二、课程目标

要求学生掌握风险管理的基本概念、基本原理，掌握风险识别、风险估测、风险评价、风险管理决策的方法和技能，具备一定的独立从事风险识别、风险分析、分析评价及应对的能力，具备基本的调查风险并撰写风险评估报告的技能。

（一）知识目标

（1）城市轨道交通工程监理相关法规及规范性文件。
（2）城市轨道交通工程技术规范及管理标准。
（3）地下车站工程风险控制。
（4）地下区间风险控制。
（5）了解城市轨道工程风险控制。
（6）掌握常见事故的处理方法和技能。
（7）掌握城市轨道交通施工风险控制的实际需要。
（8）城市轨道交通工程监测的项目和分类。
（9）城市轨道交通工程监测方案编制及监测报告主要内容。
（10）城市轨道交通工程监测监理要点。
（11）事故信息报告。
（12）应急处置的恢复与结束。
（13）不同类型突发事故预防及应急抢险措施。
（14）基坑。
（15）盾构掘进。
（16）旁通道。

（二）技能目标

（1）城市轨道交通安全管理的专业认知能力。
（2）熟悉我国城市轨道交通安全管理相关的法律法规。
（3）掌握制订事故应急预案的基本方法。

（三）素质目标

（1）具备基本的安全常识。
（2）养成诚实、守信、谨慎、平和的品德。
（3）养成善于动脑、勤于思考、及时发现问题的学习习惯。
（4）具有善于与同事共事的团队意识，能进行良好的团队合作。
（5）提高与人交流的能力。
（6）提高应急事故处理能力。
（7）具备综合分析问题、解决实际问题的能力。
（8）具备开拓创新的能力。

三、课程的主要内容与要求(表3-6)

城市轨道交通工程施工风险控制技术课程内容与要求

表3-6

<table>
<tr><th>序号</th><th>项目</th><th>能力要求</th><th>工作过程</th><th>教学过程设计</th><th>参考学时</th><th>教学资源</th></tr>
<tr><td rowspan="6">1</td><td rowspan="6">项目一
基坑施工风险</td><td rowspan="6">知识:
1. 施工环境分析
2. 主要风险分析
3. 基坑开挖风险分析及预防措施
4. 钢管对撑失稳及预防措施、应急预案
5. 管线渗漏水造成基坑失稳引起坍塌的风险预防措施及应急预案
6. 建筑物差异沉降超限的风险预防措施及应急预案
7. 深基坑施工的风险控制
技能:
能够对基坑施工中可能存在的风险进行分析,并能够制订预防措施及应急预案
素质:
1. 具备基本的安全常识
2. 具备应急事故处理能力
3. 具备综合分析问题、解决实际问题的能力</td><td rowspan="6">1. 基坑施工风险分析
2. 对可能存在的风险采取预防措施
3. 进行应急预案的编制</td><td>1. 教师给施工案例</td><td rowspan="6">16</td><td rowspan="6">1. 网络资源库
2. 设备:电脑、投影仪</td></tr>
<tr><td>2. 分组,5人/组,对施工风险进行陈述</td></tr>
<tr><td>3. 制作项目实施行动计划书,小组成员介绍人员分工,制定小组公约</td></tr>
<tr><td>4. 现场讨论所描述风险的预防措施及应急预案</td></tr>
<tr><td>5. 小组互换审查所编制的方案</td></tr>
<tr><td>6. 教师评价</td></tr>
<tr><td rowspan="3">2</td><td rowspan="3">项目二
车站施工风险</td><td rowspan="3">知识:
1. 结构渗漏水风险预防措施及应急预案
2. 结构强度不足风险预防措施及应急预案
3. 结构不均匀沉降风险预防措施及应急预案
4. 地下连续墙引起的成槽孔壁坍塌风险预防措施及应急预案
5. 基坑管涌、突涌预防措施及应急预案
6. 基坑坑底土体隆起风险预防措施及应急预案
7. 支撑及围护体系失稳风险预防措施及应急预案</td><td rowspan="3">1. 车站施工风险分析
2. 对可能存在的风险采取预防措施
3. 进行应急预案的编制</td><td>1. 教师给施工案例</td><td rowspan="3">16</td><td rowspan="3">1. 设备:电脑、投影仪
2. 资源库:教学资源库</td></tr>
<tr><td>2. 分组,5人/组,对施工风险进行陈述</td></tr>
<tr><td>3. 制作项目实施行动计划书,小组成员介绍人员分工,制订小组公约</td></tr>
</table>

续上表

<table>
<tr><th>序号</th><th>项目</th><th>能力要求</th><th>工作过程</th><th>教学过程设计</th><th>参考学时</th><th>教学资源</th></tr>
<tr><td rowspan="3">2</td><td rowspan="3">项目二
车站施工风险</td><td rowspan="3">**技能：**
能够对基坑施工中可能存在的风险进行分析，并能够制订预防措施及应急预案
素质：
1. 具备基本的安全常识
2. 具备应急事故处理能力
3. 具备综合分析问题、解决实际问题的能力</td><td rowspan="3">1. 车站施工风险分析
2. 对可能存在的风险采取预防措施
3. 进行应急预案的编制</td><td>4. 现场讨论所描述风险的预防措施及应急预案</td><td rowspan="3">16</td><td rowspan="3">1. 设备：电脑、投影仪
2. 资源库：教学资源库</td></tr>
<tr><td>5. 小组互换审查所编制的方案</td></tr>
<tr><td>6. 教师评价</td></tr>
<tr><td rowspan="6">3</td><td rowspan="6">项目三
区间施工风险</td><td rowspan="6">**知识：**
1. 恶劣多变的地层地质、水文条件风险预防措施及应急预案
2. 隧道周边建筑物和地下管线复杂风险预防措施及应急预案
3. 盾构机进洞风险预防措施及应急预案
4. 盾构掘进过程中风险预防措施及应急预案
5. 管片工程风险预防措施及应急预案
6. 隧道注浆过程中风险预防措施及应急预案
7. 机械设备使用中风险预防措施及应急预案
技能：
能够对区间隧道施工中可能存在的风险进行分析，并能够制订预防措施及应急预案
素质：
1. 具备基本的安全常识
2. 具备应急事故处理能力
3. 具备综合分析问题、解决实际问题的能力</td><td rowspan="6">1. 区间隧道施工风险分析
2. 对可能存在的风险采取预防措施
3. 进行应急预案的编制</td><td>1. 教师给施工案例</td><td rowspan="6">18</td><td rowspan="6">1. 设备：电脑、投影仪
2. 资源库：教学资源库</td></tr>
<tr><td>2. 分组，5 人/组，对施工风险进行陈述</td></tr>
<tr><td>3. 制作项目实施行动计划书，小组成员介绍人员分工，制订小组公约</td></tr>
<tr><td>4. 现场讨论所描述风险的预防措施及应急预案</td></tr>
<tr><td>5. 小组互换审查所编制的方案</td></tr>
<tr><td>6. 教师评价</td></tr>
</table>

续上表

序号	项　目	能力要求	工作过程	教学过程设计	参考学时	教学资源
4	项目四 旁通道施工风险	**知识：** 1. 采用水泥搅拌法提出土体加固过程中风险预防措施及应急预案 2. 采用冷冻法提出土体加固过程中风险预防措施及应急预案 **技能：** 能够对旁通道施工中可能存在的风险进行分析，并能够制订预防措施及应急预案 **素质：** 1. 具备基本的安全常识 2. 具备应急事故处理能力 3. 具备综合分析问题、解决实际问题的能力	1. 旁通道施工风险分析 2. 对可能存在的风险采取预防措施 3. 进行应急预案的编制	1. 教师给施工案例 2. 分组，5 人/组，对施工风险进行陈述 3. 制作项目实施行动计划书，小组成员介绍人员分工，制订小组公约 4. 现场讨论所描述风险的预防措施及应急预案 5. 小组互换审查所编制的方案 6. 教师评价	10	1. 设备：电脑、投影仪 2. 资源库：教学资源库
合计					60	

四、实施建议

(一)教材选用和编写建议

1. 教材选用

本课程的主教材暂使用中国建筑工业出版社出版、上海市建设工程安全质量监督总站主编的《城市轨道交通工程施工风险控制技术》。

2. 教材编写原则与要求

(1)教材应充分体现力学在工程中有重要应用这一设计思想,让学生在学习力学与结构过程中逐步提高职业能力。

(2)教材应将本工程中涉及的知识分解成若干典型的工作任务,按任务驱动型教学方法,结合理论知识来解决工程问题。

(3)教材应做到多引入工程中的问题让学生去解决,使教材更贴近本专业的发展和实际需要。

3. 教学参考资料使用建议

中华人民共和国行业标准,城市轨道交通地下工程建设风险管理规范(GB 50652—2011),光明日报出版社,2011 年出版。

(二)教学建议

1. 对教师的建议

教师必须对所讲内容有准确清晰的认识,同时应具有一定的教学经验。建议教师经常相互交流与探讨,使课程更具趣味性和实用性。

同时,教师要善于学习并掌握工作过程课程设计理念和基于行动导向的教学模式;应认真学习并掌握多种先进的教学方法,应积极在课堂实践先进的教学方法。教师还应具有良好的职业道德和责任心。

2. 教学组织设计的建议

本课程理论课居多,所以要将课堂教学形式进行改革。课堂教学采用传统板书与多媒体课件、力学模型相结合的方法,讲透重点,以点带面,切实做到少而精,概念和原理融会贯通,较好地发挥现代化教学手段的优势。

对学生进行分组,小组讨论,同学之间、师生之间相互交流讨论,有助于让学生更好地掌握所学内容,激发学生的学习兴趣。

(三)教学考核评价建议

评价是教学过程中必不可少的环节,是教师了解教学过程,调控教学行为的重要手段。教学评价的目的在于了解学生的学习状况、发现教学中的缺陷,为改进教学提供依据。

建议本课程考核采用:平时成绩(20%)+项目汇报(20%)+过程性考核(30%)+笔试成绩(30%)的考核方式。

(1)平时表现为考勤和作业,要求对学生的作业做统一规范的要求,教师对学生每次的作业情况有评价、有记录,作为平时成绩考核指标之一。

(2)项目汇报是看学生的课程反应能力。

(3)过程性考核看学生对每个项目的掌握程度。

(4)卷面考试采用教考分离,统一阅卷。使学生的卷面成绩能正确反映学生对知识的掌握程度,做到考核公平。

(四)课程资源的开发与利用

课程资源是决定课程目标是否有效达成的重要因素。课程资源应具备开放性特点,适应于学生的自主学习、主动探究。

1. 大力开发和充分利用课程资源

必须大力开发与课程相关的教学设计、教学课件、教学视频等教学资源。

2. 进一步加强信息技术资源开发

完善课程资源,加强工程结构用软件开发设计,开发网络课程,进一步丰富课程信息技术资源,使之更加适合学生的自主学习。

(五)其他说明

无

课程14　城市轨道交通轨道养护与管理

课程名称:城市轨道交通轨道养护与管理
课程性质:专业核心课程
建议学时:64学时(理论26学时、实践38学时)
适用专业:城市轨道交通工程技术专业

一、前言

(一)课程定位

本课程是高职城市轨道交通工程技术专业的专业核心课程之一,其目标在于培养学生铁道轨道工程养护和维修岗位职业能力,达到铁路工程施工员、线路工等岗位的基本要求,同时培养学生精益求精、吃苦耐劳、团结协作的"铺路石"品格和日后从事铁道轨道工程工作所需的方法能力和社会能力。

本课程要以城市轨道交通概论、工程图绘制与识读、测量仪器使用与数据处理、建筑工程材料等课程学习为基础,后续可通过岗位培训、顶岗实习,加强轨道施工、维护技能。

(二)教学设计思路

本课程的总体设计思路是:紧扣城市轨道交通工程技术专业的人才培养方案,"以市场需求为导向,以职业能力为核心",校企共同进行课程建设和课程教学。打破以知识传授为主要特征的传统学科课程模式,以"工作过程系统化"思想进行课程体系结构设计,采用教、学、做一体的教学方法,以此发展学生的职业能力和职业素养。

在课程内容设计上,邀请行业企业专家对城市轨道交通工程技术专业的专业背景、专业所涵盖的岗位群进行分析,理清各工作岗位的典型工作任务和职业能力需求,并以此为依据确定本课程的课程内容。根据轨道工程所涉及的轨道施工、养护和维修等相关知识和技能要求,设计有代表性的与工作过程相对应的4个学习项目,并对4个学习项目进行了周密的教学过程设计。

在课程教学方法和教学手段设计上,以任务组织教学,并让学生在完成具体的学习型任务的过程中学会完成相应工作任务,根据高职学生的认知规律和知识基础,实施情景化教学、理实一体化教学,利用"轨道检测养护实训室"、"室外轨道综合实训场"、校外实习基地,锻炼学生解决实际问题的能力。

在教学效果评价方面,采取过程评价与结果评价相结合的方式,重点考核学生的职业能力。

二、课程目标

（一）知识目标

（1）了解轨道构造。
（2）了解轨道几何形位。
（3）了解道岔的构造及几何形位。
（4）了解轨道的施工与安全管理。
（5）掌握轨道养护维修工作的原则。
（6）掌握养护机械的使用方法。
（7）掌握线路检查、检测技术及养护维修与管理。
（8）了解线路维修验收标准与质量评定。

（二）技能目标

（1）能正确描述铁路轨道结构组成。
（2）能根据施工图纸编制轨道施工方案。
（3）能完成基本的轨道线路状态检查工作。
（4）能正确描述铁路轨道养护维修基本作业内容。
（5）能进行钢轨探伤基本操作。

（三）素质目标

（1）提高学生团结协作、吃苦耐劳、诚信为本的能力。
（2）培养学生严谨的工作态度和信息收集、处理的能力。
（3）培养学生自学和独立思考、综合分析问题和解决问题的能力。
（4）培养学生在现有知识及技能的基础上不断开拓创新的能力。
（5）增强学生自我保护意识，树立警钟长鸣、按章作业的安全意识和质量意识，培养学生对突发事件的应急处理能力。

三、课程内容与要求（表3-7）

四、实施建议

（一）教材选用和编写建议

1. 教材选用

本课程教材建议使用中国铁道出版社出版，王兴强、郭兆军主编的《铁路轨道施工与维修》。本教材能较好地适应基于工作过程系统化的课程设计思路。

2. 教材编写原则与要求

按本课程标准实施教学过程中及时修订存在的问题，积累经验后，针对现有教材的不足，可以编写更加符合基于工作过程、融入铁路轨道施工与养护维修职业标准的工学结合教材。

表 3-7

城市轨道交通轨道养护与管理课程内容与要求

序号	项目	能力要求	工作过程	教学过程设计	参考学时	教学资源
1	项目一 一般有砟轨道养护与管理	**知识：** 认知有砟轨道结构及轨道几何形位 **技能：** 1. 能正确描述铁路轨道结构组成 2. 能根据施工图纸编制轨道施工方案 3. 能完成基本的轨道线路状态检查工作 4. 能正确描述铁路轨道养护维修基本作业内容 **素质：** 1. 培养学生团结协作、吃苦耐劳、诚信为本的能力 2. 培养学生严谨的工作态度和信息收集、处理的能力	1. 有砟轨道道床施工作业 2. 有砟轨道铺轨施工作业	1. 观看图片、视频资料，认知一般有砟轨道结构（钢轨、钢轨接头、轨枕、扣件、道床构造）	2	1. 图纸、规范 2. 多媒体教室 3. 互联网及相关图书资料 4. 轨道检测、养护设备
				2. 查阅资料，认知轨道几何形位（包括曲线轨道构造）	2	
				3. 识读图纸，查阅规范及其他参考资料，编制一般有砟轨道施工方案	8	
				4. 各小组制作 PPT 汇报方案，教师总结评价	2	
			3. 轨道线路状态检查	1. 小组分工查阅资料，确定轨道线路状态检查内容，了解检查方法	2	
				2. 轨道几何状态检测、轨道部件状态检测实训，得出检查结论	2	
			4. 铁路轨道养护维修基本作业	1. 参观实训室并查阅资料，了解铁路轨道养护维修基本作业方法	2	
				2. 各小组制作 PPT 汇报	2	
2	项目二 无缝线路养护与管理	**知识：** 1. 了解无缝线路轨道的构造 2. 了解无缝线路温度力及轨缝计算原理 **技能：** 1. 能简单描述长轨条焊接、运输、铺设的过程 2. 能根据任务要求制订养护维修工作方案 **素质：** 1. 培养学生严谨的工作态度和信息收集、处理的能力 2. 培养学生自学和独立思考、综合分析问题和解决问题的能力	1. 无缝线路温度力及轨缝计算	1. 查阅资料，认知无缝线路轨道的构造 2. 教师讲解温度应力式无缝线路的构造原理	2	1. 相关规范、规程 2. 多媒体教室 3. 互联网及相关图书资料 4. 轨道检测、养护设备
				3. 根据教师给定任务，分组进行无缝线路温度力及轨缝计算	2	
			2. 长轨条焊接 3. 长轨条的运输与铺设	通过图片、视频资料，了解无缝线路长轨条焊接、运输、铺设的过程	2	
			4. 无缝线路养护维修	1. 教师给定模拟工作任务 2. 小组分工查阅《铁路线路修理规则》等资料，编写无缝线路养护维修方案，制作 PPT 汇报	4	

续上表

序号	项　目	能力要求	工作过程	教学过程设计	参考学时	教学资源
3	项目三 道岔养护与管理	**知识：** 1. 了解道岔的作用、分类 2. 熟悉单开道岔的构造 **技能：** 1. 能识读单开道岔施工图 2. 能进行道岔病害及几何尺寸检查 3. 能根据任务要求制订养护维修工作方案 **素质：** 1. 培养学生自学和独立思考、综合分析问题和解决问题的能力 2. 培养学生在现有知识及技能的基础上不断开拓创新的能力	1. 道岔施工准备	1. 通过多媒体手段，进行道岔的总体认知、单开道岔的构造认知 2. 识读单开道岔施工图	4	1. 相关规范、规程 2. 多媒体教室 3. 互联网及相关图书资料 4. 轨道检测、养护设备
			2. 道岔的铺设	根据施工图纸编制单开道岔施工方案	2	
			3. 道岔病害及几何尺寸检查	1. 小组分工查阅《铁路线路修理规则》等资料，了解道岔检查内容 2. 在实训场进行道岔检查实训	4	
			4. 道岔维修基本作业	1. 查阅资料，编写道岔养护维修方案 2. 制作 PPT 进行项目汇报	4	
4	项目四 高铁无砟轨道养护与管理	**知识：** 了解不同类型无砟轨道结构 **技能：** 1. 能正确描述双块式无砟轨道施工工艺流程 2. 掌握轨检小车、钢轨探伤仪基本操作技能 **素质：** 1. 培养学生在现有知识及技能的基础上不断开拓创新的能力 2. 增强学生自我保护意识，树立警钟长鸣、按章作业的安全意识和质量意识，培养学生对突发事件的应急处理能力	1. 高铁无砟轨道施工准备	查阅资料，认知不同类型无砟轨道结构	2	1. 相关规范、规程 2. 多媒体教室 3. 互联网及相关图书资料 4. 轨道检测、养护设备
			2. 高铁无砟轨道施工	1. 查阅资料，观看图片、视屏资料了解高铁施工 2. 编制某拟建线路双块式无砟轨道施工方案	4	
			3. 高铁无砟轨道结构病害检查及伤损判定	1. 学生查阅资料，了解高铁无砟轨道结构病害检查及伤损判定相关规定，教师抽查考核 2. 进行钢轨探伤实训，完成实训报告	4	
			4. 高铁无砟轨道几何状态检查	1. 查阅资料，了解无砟轨道几何状态检查相关内容 2. 轨检小车轨道几何状态检查实训	4	
			5. 无砟轨道几何尺寸调整作业	1. 观看视频，查阅资料，了解无砟轨道几何尺寸调整作业方法 2. 小组进行项目汇报	2	
机动					2	
合计					64	

3. 教材、教学参考资料使用建议

本课程教学可参考下列资料:

(1)《铁路线路修理规则》,中华人民共和国铁道部,2006 年出版。

(2)《铁路轨道施工与修理》,周国英主编,武汉大学出版社,2015 年出版。

(3)《铁路轨道构造》,梁斌主编,北京大学出版社,2013 年出版。

(4)《轨道工程》,陈秀方主编,中国建筑工业出版社,2005 年出版。

(5)《轨道工程》,练松良主编,同济大学出版社,2006 年出版。

(6)《铁道线路工程施工》,韩峰主编,中国铁道出版社,2006 年出版。

(二)教学建议

1. 教学条件

(1)软硬件条件。配备有电脑网络多媒体教学系统的教室,有铁路轨道施工与养护维修场实习基地,使学生能够学与实践相结合。

(2)师资条件。组成一支职称结构、学历结构、年龄结构、专兼比例合理的"双师"结构师资队伍。主讲教师具有硕士以上学历和中级以上职称,能综合实施项目教学法、任务驱动法、引导文法等各种行动导向教学法,能较好地掌握计算机技术、网络技术等新知识新技能,并具有相关职业资格技能证书,动手能力强;实训指导教师应具有较强的职业技能,具有较丰富的企业一线工作经验。

2. 教学方法

贯彻"以学生为中心"的教学理念,实施行动导向教学方法,学生以小组形式,在教师的引导下通过项目的实施,达到专业知识学习和专业技能训练的目的。使老师从知识传授者的角色转为学生学习过程的组织者、咨询者和指导者,使教学过程向学生自觉学习过程转化。

(1)在教学过程中,应立足于加强学生综合性专业素质、能力的培养,采用项目导向、任务引导提高学生学习兴趣,激发学生的成就动机。

(2)本课程教学的关键是如何处理好"理论与实践教学一体化"。在教学过程中,教师示范和学生分组讨论、训练互动,学生提问与教师解答、指导有机结合,让学生在"教"与"学"的过程中,掌握轨道的构造、能进行轨道施工、线路检测及养护维修等。

(3)在教学过程中,应加大实际操作的容量,要紧密结合岗位职业能力的要求,加强技能训练,在实际操过程中提高学生的岗位适应能力。

(4)在教学过程中,要应用多媒体、投影等教学资源辅助教学,帮助学生熟悉工地现场的轨道施工、检测、养护的过程及控制要点。

(5)教学过程中教师应积极引导学生提升职业素养,提高职业道德。整个教学过程要求由工程实践经验丰富的"双师型"教师团队组织完成。

针对不同的学习任务,选用不同特点的教学方法,在教学过程中可以采用多种教学方法,如项目教学法、引导文教学法、问题导向教学法、范例教学法等,具体教学方法视情况而定。

(三)教学考核评价建议

改革传统的学业评价手段和方法,采用阶段评价、过程性评价相结合,理论与实践一体化的评价模式。

(1)课程共设 4 个学习项目,每个项目成绩占总成绩的 25% 。

(2)每个项目的评价采用教师评价和学生自评相结合的形式。每一项目实施过程中,教师跟踪各小组的表现,并做相关记录供评分参考;项目任务完成后,教师根据各小组汇报及提交成果材料情况给出各小组得分基数,然后组长根据组员在项目完成中所起的作用和表现状况评定各组员分数(由小组得分基数乘系数确定,系数在0.8~1.1之间取值)。

(四)课程资源的开发与利用

(1)深入铁路施工、养护一线或利用网络收集一线技术人员作业影像资料,建设教学资源库。让学生直观了解现场作业情况。

(2)产学合作开发实训课程资源,充分利用本行业典型的生产企业的资源,进行产学合作,建立实习实训基地,实践“工学”交替,满足学生的实习实训需要,同时为学生的就业创造机会。

(3)建立本专业实训基地,使之具备现场教学、试验实训、职业技能鉴定的功能,实现教学与实训合一、教学与培训合一、教学与技能鉴定合一,满足学生综合职业能力培养的要求。

(五)其他说明

(1)本课程标准适用于新疆交通职业技术学院城市轨道交通工程技术专业。

(2)鉴于高职生源的多样性,在实施中要编好班组,宜于取长补短,共同提高。

(3)主讲教师和辅助教师在项目化教学时要适时提供相关资料的索引,让学生主动查阅,充分调动学生自主学习的积极性,确保按时完成任务。

第四部分

专业拓展、综合实训平台课程标准

课程15　城市轨道工程勘测技术

课程名称:城市轨道工程勘测技术
课程性质:专业拓展课
建议学时:40学时
适用专业:城市轨道交通工程技术

一、前言

(一)课程定位

本课程是城市轨道交通工程技术专业的一门专业拓展课程,其功能是使学生在掌握铁路和城市轨道路线设计的基本理论、规划知识和设计方法的基础上,熟练使用现代测量仪器和专业计算软件进行室外路线勘察和室内文件编制。同时,力求科学地反映当前铁路和城市轨道交通路线设计的新技术,培养学生解决复杂地形条件下铁路和城市轨道交通路线勘察与设计的能力,培养学生准确运用国家现行铁路和城市轨道交通工程设计标准、铁路和城市轨道交通路线设计规范和规程的能力。同时使学生养成诚实、守信、善于沟通和合作的良好品质,为发展职业能力奠定良好的基础。

(二)教学设计思路

城市轨道工程勘测技术是高职高专城市轨道交通工程技术专业部分学生就业后从事的工作岗位必须掌握的专业技能。本课程的功能是培养学生能够熟练完成铁路和城市轨道交通工程路线勘测勘察。本课程标准的总体设计思路是:紧紧围绕完成工作任务的需要来选择课程内容;变知识学科本位为职业能力本位,打破传统的以"了解"、"掌握"为特征设定的学科型课程目标,从"任务与职业能力"分析出发,设定职业能力培养目标;变书本知识的传授为动手能力的培养,打破传统的知识传授方式,以"工作任务"为主线,创设工作情境,结合职业技能证书考证,培养学生的实践动手能力。

课程在设置过程中为了充分体现任务引领、实践导向课程思想,本课程教学单元按照铁路勘测的基本程序编排,即按照设计标准、设计规范和设计程序认知、平面设计、纵面设计、横断面设计、路线选线、路线定线、城市轨道交通施工测量、地铁工程监控量测设计进行教学情境安排,各个教学情境均含有理论知识和学生应当完成的工作任务,工作任务与实际工作内容高度一致,以培养学生运用理论知识完成实际设计任务的能力。

本课程后续安排铁路和城市轨道交通综合设计工作任务,选择具有代表性的2km左右路线为载体组织课程内容(有条件时应结合实际地形条件选定综合设计),以训练学生的综合职业能力。

二、课程目标

(一)知识目标

(1)能够正确使用铁道工程、城市轨道交通工程勘测专业术语。

(2)能够准确地描述铁道、城市轨道交通分级,铁道、城市轨道交通设计原则和依据。

(3)能够熟练运用铁道、城市轨道交通工程技术标准,铁道、城市轨道交通路线设计规范。

(4)理解和掌握地铁工程监测项目、要求及方法,理解和掌握地下铁道、轻轨交通工程测量内容及方法。

(5)能够理解和掌握岩土工程勘察步骤和方法。

(二)技能目标

(1)能进行勘探与取样。

(2)会进行原位测试。

(3)会明挖法、暗挖法、特殊土的勘察。

(4)能进行平面及高程控制测量。

(5)能进行车辆段测量。

(6)会联系测量。

(7)了解隧道施工测量。

(8)了解高架桥施工测量。

(9)会进行沉降监测。

(10)会进行地铁穿越工程监测。

(11)会进行施工监测。

(12)了解监控量测管理与反馈。

(三)素质目标

(1)具有独立工作能力。

(2)具有查询有效资料、正确运用设计标准和团队合作的能力。

(3)具有吃苦耐劳、团结协作、勇于创新的精神。

(4)具有团队精神和敬岗、爱岗、诚信的品质以及严谨的工作态度。

三、课程内容与要求(表4-1)

四、实施建议

(一)教材选用和编写建议

1.教材选用

本课程教材使用《城市轨道交通工程监测技术规范》《地下铁道、轻轨交通工程测量规范》《地下铁道、轻轨交通岩土工程勘察规范》。

后续教学中根据实施过程进行院本教材的编制。

表 4-1

城市轨道工程勘测技术课程内容与要求

序号	项目	能力要求	工作过程	教学活动设计	参考学时	教学资源
1	项目一 地下铁道、轻轨交通岩土工程勘察技术	**知识：** 理解和掌握岩土工程勘察步骤和方法 **技能：** 1. 掌握勘探与取样方法 2. 掌握原位测试方法 3. 会明挖法、暗挖法、特殊土的勘察 **素质：** 培养团队精神，敬岗、爱岗、诚信的品质和严谨的工作态度	地下铁道、轻轨交通岩土工程勘察	1. 布置地下铁道、轻轨交通岩土工程勘察任务	2	图纸、工程资料、规范、电脑、投影、原位测定设备、实验报告册、规范
				2. 查阅《地下铁道、轻轨交通岩土工程勘察规范》		
				3. 对勘察任务进行项目划分，小组分类进行具体资料查询		
				4. 按任务要求进行勘探和取样模拟	3	
				5. 小组汇报、教师评价		
				6. 进行勘察任务原位测试模拟或实操（有条件进行），并进行记录和数据分析	3	
				7. 小组汇报、教师评价		
				8. 小组内部分组进行明挖法、暗挖法、特殊图勘察模拟，并进行记录和数据分析	3	
				9. 小组汇报、教师评价		
2	项目二 地下铁道、轻轨交通工程测量技术	**知识：** 理解和掌握地下铁道、轻轨交通工程测量内容及方法 **技能：** 1. 能进行平面及高程控制测量 2. 能进行车辆段测量 3. 会联系测量 4. 了解隧道施工测量 5. 了解高架桥施工测量 6. 了解铺轨基标测量	地下铁道、轻轨交通工程测量	1. 布置地下铁道、轻轨交通工程测量任务	2	图纸、工程资料、规范、电脑、投影、测量设备、实验报告册、规范、轨道实训基地、实训室
				2. 查阅《地下铁道、轻轨交通工程测量规范》		
				3. 对测量任务进行划分，小组按照所查资料，进行具体任务实施		
				4. 进行平面及高程控制测量模拟，并进行数据分析	3	
				5. 小组汇报、教师评价		
				6. 进行车辆段模拟测量，并进行记录和数据分析	3	
				7. 小组汇报、教师评价		

续上表

<table>
<tr><th>序号</th><th>项　目</th><th>能力要求</th><th>工作过程</th><th>教学活动设计</th><th>参考学时</th><th>教学资源</th></tr>
<tr><td rowspan="4">2</td><td rowspan="4">项目二
地下铁道、轻轨交通工程测量技术</td><td rowspan="4">素质：
培养团队精神，敬岗、爱岗、诚信的品质和严谨的工作态度</td><td rowspan="4">地下铁道、轻轨交通工程测量</td><td>8. 进行模拟联系测量，并进行记录和数据分析</td><td rowspan="2">3</td><td rowspan="4">图纸、工程资料、规范、电脑、投影、测量设备、实验报告册、规范、轨道实训基地、实训室</td></tr>
<tr><td>9. 小组汇报、教师评价</td></tr>
<tr><td>10. 施工测量和铺轨基标测量认知，制作 PPT</td><td rowspan="2">3</td></tr>
<tr><td>11. 小组汇报、教师评价</td></tr>
<tr><td rowspan="9">3</td><td rowspan="9">项目三
地铁工程监测技术</td><td rowspan="9">知识：
理解和掌握地铁工程监测项目要求及方法
技能：
1. 会进行沉降监测
2. 会进行地铁穿越工程监测
3. 会进行施工监测
4. 了解监控量测管理与反馈
素质：
培养团队精神，敬岗、爱岗、诚信的品质和严谨的工作态度</td><td rowspan="9">地铁监测量测</td><td>1. 布置地下铁道、轻轨交通工程监测任务</td><td rowspan="2">2</td><td rowspan="9">图纸、工程资料、规范、电脑、投影、基础测量设备、变形观测设备、实验报告册、规范、轨道实训基地、实训室</td></tr>
<tr><td>2. 查阅《城市轨道交通工程监测技术规范》</td></tr>
<tr><td>3. 对监测任务进行划分，小组按照监测工作地点不同，进行具体任务实施</td><td rowspan="3">3</td></tr>
<tr><td>4. 进行沉降监测，并进行记录和数据分析</td></tr>
<tr><td>5. 小组汇报、教师评价</td></tr>
<tr><td>6. 进行施工监测并进行记录和数据分析</td><td rowspan="2">3</td></tr>
<tr><td>7. 小组汇报、教师评价</td></tr>
<tr><td>8. 进行监控量测管理和反馈模拟</td><td rowspan="2">3</td></tr>
<tr><td>9. 小组汇报、教师评价</td></tr>
<tr><td colspan="5">机动</td><td colspan="2">4</td></tr>
<tr><td colspan="5">合计</td><td colspan="2">40</td></tr>
</table>

2. 教材编写原则与要求

(1)教材应充分体现任务引领、实践导向课程的设计思想。

(2)教材应将本专业职业活动分解成若干典型的工作任务,按完成工作任务的需要和岗位操作规程,结合职业技能证书考证组织教材内容。

(3)要通过自行编制的任务指导书、观看检测方法录像、工地现场参观并运用所学知识进行评价,引入必需的理论知识,增加实践实操内容,强调理论在实践过程中的应用。

(4)教材应图文并茂,提高学生的学习兴趣,加深学生对道路桥涵工程施工的认识和理解。教材表达必须精炼、准确、科学。

(5)教材内容只编入有关知识与理论。所有试验全部速印相应的试验规程。做到教材实用、通用而不落后。要将本专业新技术、新工艺、新材料以讲座的方式进行教学。

(二)教学建议

(1)在教学过程中,应立足于加强学生实际操作能力的培养,采用任务引领式教学,以工作任务引领提高学生学习兴趣,激发学生的成就动机。

(2)本课程教学的关键是"教、学、做一体化","知识、理论和实践一体化",在教学过程中,教师示范和学生分组讨论、训练互动,学生提问与教师解答、指导有机结合,让学生在"教"、"学"、"做"的过程中,会进行施工质量检测、质量评定。

(3)在教学过程中,要创设工作情境,同时加大实践实操的容量,要紧密结合职业技能证书的考证,加强考证的实操项目的训练,在实践实操过程中提高学生的岗位适应能力。要注意培养学生的相互协作能力与自我学习及自我工作能力。

(4)在教学过程中,要应用多媒体、投影等教学资源辅助教学,帮助学生熟悉工地现场的施工过程及控制要点。

(5)在教学过程中,要重视本专业领域新技术、新工艺、新材料的发展趋势,贴近工地现场。为学生提供职业生涯发展的空间,努力培养学生参与社会实践的创新精神和职业能力。

(6)教学过程中教师应积极引导学生提升职业素养,提高职业道德。

(三)教学考核评价建议

(1)改革传统的学生评价手段和方法,采用阶段评价、过程性评价与目标评价相结合的方法。完成每个教学情境的任务后,要进行学生自我评价、组内互评和教师评价,评价内容包括实验实训成果、相互协作、自我学习、动手能力和实践中分析问题、解决问题能力等项目,以评价结果作为该教学情境的考核分数。

(2)平时成绩结合课堂提问、平时测验、学生作业、技能竞赛及考试情况。

(3)对在学习和应用上有创新的学生应予特别鼓励,全面综合评价学生能力。

(4)本课程的总评成绩 = 平时成绩 + 团队协作 + 完成教学情境工作任务平均成绩 + 期末考试成绩。其中平时成绩占 10%,团队协作占 20%,完成教学情境工作任务平均成绩占 30%,期末考试成绩占 40%。

(四)课程资源的开发与利用

(1)注重课程资源和现代化教学资源的开发和利用,这些资源有利于创设形象生动的工作情境,激发学生的学习兴趣,促进学生对知识的理解和掌握。同时,建立多媒体课程资源的数据库,努力实现跨学校多媒体资源的共享,以提高课程资源利用效率。

(2)积极开发和利用网络课程资源,充分利用诸如电子书籍、电子期刊、数据库、数字图书馆、教育网站和电子论坛等网上信息资源,使教学从单一媒体向多种媒体转变;教学活动从信息的单向传递向双向交换转变;学生单独学习向合作学习转变。

(3)产学合作,开发实验实训课程资源,充分利用本行业典型的生产企业的资源,进行产学合作,建立实习实训基地,实践"工学"交替,满足学生的实习实训需要,同时为学生的就业创造机会。

(4)建立本专业开放实训中心,使之具备现场教学、实验实训、职业技能证书考证的功能,实现教学与实训合一、教学与培训合一、教学与考证合一,满足学生综合职业能力培养的要求。

(五)其他说明

(1)鉴于高职生源的多样性,在实施中要编好班组,宜于取长补短,共同提高。

(2)指导教师在进行试验时要适时提供相关资料的索引,让学生自己去查阅,确保按时完成任务。

(3)实训中要突出规范遵循,力求实训过程完整、清晰。

(4)本课程标准主要适用于新疆交通职业技术学院城市轨道交通工程技术专业。

课程 16　建设工程法律法规

课程名称:建设工程法律法规
课程性质:专业拓展课
建议学时:36 学时
适用专业:城市轨道交通工程技术

一、前言

(一)课程定位

本课程是城市轨道交通工程技术专业拓展课程。课程的开设对于高职学生了解和掌握我国建设工程法律法规体系构成和进行施工承包合同管理具有重要意义,注重培养学生对合同法的理解和应用,能对招投标工作流程和要求有所了解,具备施工承包合同管理的能力。

本课程包括工程建设行业从业资格“监理员”“预算员”“造价员”等标准中,必须掌握的重要知识点,也是国家注册建造师、国家注册造价工程师、注册监理工程师、工程招标师等执业资格考试的主要内容。

(二)教学设计思路

本课程采用以行动为导向、工作过程系统化课程开发方法进行设计,按照岗位能力设置课程体系,以工程建设施工承包合同的订立和管理为核心内容,结合工作流程进行课程设计,整个学习领域由 6 个项目组成。

按照工程项目建设的程序构建课程体系,以任务与职业能力分析为依据,设定职业能力培养目标;围绕完成建设工程施工承包合同订立和管理任务的需要选择课程内容;以建设工程施工承包合同的管理为载体,创设工作情境;改变原有的课堂讲课形式,突出对学生综合素质的培养;结合有关职业资格考试要求,培养学生的综合分析和实践动手能力。

基于工程项目的建设程序和工作过程,对其进行教学化加工,创设以下 6 个教学情境。

项目一　建设工程基本法律知识:

(1)学习我国法律体系和建设工程法律体系的组成;

(2)学习建设工程法人制度、代理制度;

(3)学习市政工程建设程序和法律关系主体。

项目二　我国注册职业资格制度:

(1)注册建造师的管理;

(2)注册监理工程师的管理;

(3)注册造价工程师的管理。

项目三　建设工程招投标制度认识：
(1)学习招投标的有关法规；
(2)会编制招标公告。
项目四　合同法认识：
(1)学习《合同法》；
(2)编制合同。
项目五　建设工程施工承包合同认识：
(1)学习《建设工程施工合同(示范文本)》2013 版；
(2)签订施工承包合同；
(3)申领施工许可证；
(4)撰写开工报告；
(5)办理合同的担保；
(6)履行合同；
(7)合同变更；
(8)合同索赔；
(9)处理合同纠纷。
项目六　建设工程质量法律制度认识：
(1)学习《建筑法》和《建设工程质量管理条例》；
(2)质量责任划分。

二、课程目标

本课程的总目标，旨在通过对典型工作任务(施工承包的订立和合同管理)进行系统的分解和优化，使学生熟悉建设工程技术人员需要知道的一般建设法规知识和个人职业发展可能的路径，掌握工程招投标建设的程序和要求，掌握建设工程合同管理的一般方法和原理，使学生具备进行施工承包合同管理的基本能力，同时养成诚实、守信、善于沟通和合作的良好品质，能够适应城市轨道交通工程技术专业所对应的岗位要求。

(一)知识目标

(1)了解我国法律体系和建设工程法律体系的基本框架。
(2)理解建设工程法人制度、代理制度，熟悉市政工程的建设程序。
(3)理解各注册执业资格的考试和注册要求。
(4)知道工程招投标的程序和相关要求。
(5)了解招投标文件的组成。
(6)理解合同的订立原则，知道合同的分类及订立程序。
(7)知道建设工程合同的主要内容和双方的责任义务。
(8)知道施工承包合同的主要内容和签订程序。
(9)熟悉合同双方的权利责任和义务。
(10)知道违约责任的划分原则。
(11)了解合同管理的相关规定。
(12)熟悉建设工程总承包、共同承包和分包的相关规定。

(13)知道违法行为要承担的责任。
(14)熟悉按照工程设计图纸和施工技术标准施工的规定。
(15)知道对建筑材料、设备等进行检验检测的规定。
(16)知道施工质量检验和返修的规定。

(二)技能目标

(1)具有利用互联网、微信、微博等,收集信息的能力。
(2)会编制招标公告。
(3)有制订合同的能力。
(4)有判断合同是否有效的能力。
(5)能判别无效合同、效力待定合同、无效免责条款、可撤销合同。
(6)具有编制施工承包合同的能力。
(7)会办理施工许可证。
(8)会撰写开工报告。
(9)会办理担保。
(10)会处理工程变更、索赔和合同纠纷。
(11)能划分、处理施工承包合同中的违约责任。
(12)会判断违法分包。
(13)能划分施工承包合同中的质量责任和义务。

(三)素质目标

(1)具有团队协作精神和沟通协调能力。
(2)具有较强的口头与书面表达能力以及现场语言表达能力。
(3)具备严谨的工作态度和信息收集、筛查、处理的能力。
(4)具有自学和独立思考、综合分析问题和解决问题的能力。
(5)具有总结、创新的能力。

三、课程内容与要求(表4-2)

四、实施建议

(一)教材选用和编写建议

1. 教材选用

本课程教材暂使用重庆大学出版社出版、陈晋中主编的《建设工程法规》。建议依据课程标准合理组织教学内容,编写教材。

2. 教材编写原则与要求

(1)必须依据本课程标准编写教材,教材应充分体现任务引领、实践导向课程的设计思想。

(2)教材应将本专业职业活动分解成若干典型的工作任务,按完成工作任务的需要和岗位操作规程,结合职业技能证书考证组织教材内容。

建设工程法律法规课程内容与要求

表 4-2

序号	项目	能力要求	工作过程	教学过程设计	参考学时	教学资源
1	项目一 建设工程基本法律知识	**知识：** 1. 了解我国法律体系和建设工程法律体系的基本框架 2. 理解建设工程法人制度、代理制度，熟悉市政工程的建设程序 **技能：** 利用互联网、微信、微博等，收集信息的能力 **素质：** 培养团队精神，敬岗、爱岗、诚信的品质和严谨的工作态度	1. 学习我国法律体系和建设工程法律体系的组成	1. 介绍我国法律体系构成以及建设工程法律体系的构成 2. 教师给出题目（案例），学生小组讨论分析，课堂发言，教师引导得出合理结论	1	《民法通则》《行政管理法》《建筑法》
			2. 学习建设工程法人制度、代理制度	1. 学习建设工程法人制度、代理制度 2. 教师给出题目（案例），学生小组讨论分析，课堂发言，教师引导得出合理结论	2	
			3. 学习市政工程建设程序和法律关系主体	1. 熟悉市政工程项目建设程序，各法律关系主体的责权利 2. 教师给出题目（案例），学生小组讨论分析，课堂发言，教师引导得到合理结论 3. 布置自学任务：（三选一） （1）介绍市政建设从业单位资质等级划分标准和要求 （2）介绍本地区市政行业企业情况 （3）介绍市政工程相关法律法规及其适用范围 4. 对自选的课后作业进行小组汇报、教师点评	1	
2	项目二 我国注册职业资格制度	**知识：** 理解各注册执业资格的考试和注册要求 **技能：** 能根据制度及法规要求判别建造师、监理工程师、造价工程师的考试、注册、继续教育的相关要求，并分析其违法行为要承担的法律责任 **素质：** 培养团队精神，敬岗、爱岗、诚信的品质和严谨的工作态度	1. 注册建造师的管理	阅读学习《建造师职业资格制度暂行规定》《注册建造师管理规定》《建造师执业资格考试实施办法》等法规	1	《建造师职业资格制度暂行规定》《注册建造师管理规定》《建造师执业资格考试实施办法》等相关法规、案例资源
			2. 注册监理工程师的管理	阅读学习《注册监理工程师管理规定》《监理工程师执业资格考试实施办法》等法规	1	
			3. 注册造价工程师的管理	1. 阅读学习《注册造价工程师管理规定》、《造价工程师执业资格考试实施办法》等法规 2. 小组汇报、教师点评，建造师/监理工程师/造价工程师的考试、注册、继续教育的相关要求，举例并分析其违法行为要承担的法律责任	1	

续上表

序号	项目	能力要求	工作过程	教学过程设计	参考学时	教学资源
3	项目三 建设工程招投标制度认识	**知识：** 1. 知道工程招投标的程序和相关要求 2. 了解招投标文件的组成 **技能：** 会编制招标公告 **素质：** 培养团队精神，敬岗、爱岗、诚信的品质和严谨的工作态度	学习招投标的有关法规	1. 阅读《招标投标法》和《招标投标法实施条例》 2. 学生以小组为单位绘制招标工作流程图 3. 学生以小组为单位绘制投标工作流程图 4. 编制招标公告 5. 教师给出题目（案例），学生小组讨论分析，课堂发言，教师引导得出合理结论	2	《招标投标法》《招标投标法实施条例》等相关法规资料、案例资源
4	项目四 合同法认识	**知识：** 理解合同的订立原则，知道合同的分类、合同的订立程序；知道建设工程合同的主要内容和双方的责任义务 **技能：** 1. 有制订合同的能力 2. 有判断合同是否有效的能力 **素质：** 培养团队协作、语言表达和沟通能力	1. 学习《合同法》	1. 阅读学习《合同法》内容； 2. 教师给出题目（案例），学生小组讨论分析，课堂发言，教师引导得到合理结论	1	《合同法》合同实例、案例资源
			2. 编制合同	1. 以小组为单位，分为甲乙两方，现场进行模拟谈判，商定一份合同 2. 根据各小组现场谈判过程的表现和谈判成果的完整性，由教师进行点评	2	
5	项目五 建设工程施工承包合同认识	**知识：** 1. 知道施工承包合同的主要内容和签订程序 2. 熟悉合同双方的权利责任和义务知道违约责任的划分原则 3. 了解合同管理的相关规定 **技能：** 1. 能判别无效合同、效力待定合同、无效免责条款、可撤消合同 2. 具有编制施工承包合同的能力 3. 会办理施工许可证 4. 会撰写开工报告 5. 会办理担保	1. 学习《建设工程施工合同（示范文本）》2013 版	1. 学习建设工程施工承包合同的相关知识 2. 对比阅读《建设工程施工合同（示范文本）》2013 版和一份实际签订的施工承包合同，分析总结施工承包合同的主要内容、双方权利义务等 3. 教师给出题目（案例），学生小组讨论分析，课堂发言，教师引导得出合理结论	2	《建设工程施工合同（示范文本）》《建筑工程施工许可管理办法》《建筑法》等相关法规资料、案例资源
			2. 签订施工承包合同	1. 教师给出某项具体工程的相关资料，布置工作任务，学生在课后完成相关准备工作 2. 以小组为单位，分为甲乙两方，现场进行模拟谈判，商议并签订一份合同 3. 根据各小组现场谈判过程的表现和谈判成果的完整性，由教师进行点评	2	

续上表

序号	项目	能力要求	工作过程	教学过程设计	参考学时	教学资源
5	项目五 建设工程施工承包合同认识	6. 会处理工程变更、索赔和合同纠纷 7. 能划分、处理施工承包合同中的违约责任	3. 申领施工许可证	1. 阅读学习《建筑工程施工许可管理办法》《建筑法》 2. 列表说明办理施工许可证的流程及相关要求 3. 教师给出题目(案例),学生小组讨论分析,课堂发言,教师引导得到合理结论	2	《建设工程施工合同(示范文本)》《建筑工程施工许可管理办法》《建筑法》等相关法规资料、案例资源
			4. 撰写开工报告	1. 各小组收集两类开工报告并比较其不同之处 2. 各小组结合具体工程项目编制两种开工报告	2	
			5. 办理合同的担保	1. 学习有关担保的法规制度 2. 各小组课堂模拟完成以下任务(三选一),并进行现场汇报答辩,教师点评: (1)模拟办理投标担保 (2)模拟办理履约担保 (3)模拟办理预付款担保	2	
			6. 履行合同	1. 学生查阅资料,确定合同正常履行时,各方的工作职责要求(责权利) 2. 小组汇报,教师点评	2	
			7. 合同变更	1. 学生查阅资料,明确合同中的变更条款及相关要求 2. 教师给出题目(案例),学生小组讨论分析,课堂发言,教师引导得出合理结论 3. 各小组课后收集工程变更案例 2 ~4 个,进行小组汇报,教师点评	2	
			8. 合同索赔	1. 学生查阅资料,明确合同中的索赔条款及相关要求 2. 教师给出题目(案例),学生小组讨论分析,课堂发言,教师引导得出合理结论 3. 各小组课后收集索赔案例 2 ~4 个,进行小组汇报,教师点评	2	

续上表

序号	项目	能力要求	工作过程	教学过程设计	参考学时	教学资源
5	项目五 建设工程施工承包合同认识	**素质：** 培养团队精神，敬岗、爱岗、诚信的品质和严谨的工作态度	9. 处理合同纠纷	1. 学生查阅资料，明确合同中纠纷处理的方法及相关要求 2 教师给出题目（案例），学生小组讨论分析，课堂发言，教师引导得出合理结论 3. 各小组课后收集合同纠纷案例 2 ~ 4 个，进行小组汇报，教师点评	2	《建设工程施工合同（示范文本）》《建筑工程施工许可管理办法》《建筑法》等相关法规资料、案例资源
6	项目六 建设工程质量法律制度认识	**知识：** 1. 熟悉建设工程总承包、共同承包和分包的相关规定 2. 知道违法行为要承担的责任 3. 熟悉按照工程设计图纸和施工技术标准施工的规定 4. 知道对建筑材料、设备等进行检验检测的规定 5. 知道施工质量检验和返修的规定 **技能：** 1. 会判断违法分包 2. 能划分施工承包合同中的质量责任和义务 **素质：** 培养认真的学习态度和严谨的工作态度	《建筑法》和《建设工程质量管理条例》的学习和质量责任划分	1. 阅读学习《建筑法》和《建设工程质量管理条例》内容 2. 小组分析整理施工承包合同中的当事人的质量责任和义务进行划分、违法分包等情形 3. 教师给出题目（案例），学生小组讨论分析，课堂发言，教师引导得出合理结论 4. 各小组课后收集合同纠纷案例 2 ~ 4 个，进行小组汇报，教师点评	2	《建筑法》和《建设工程质量管理条例》
阶段考核					2	
机动					2	
合计					36	

(3)可以先自行编制任务指导书,收集整理相关案例、视频、图片等资源,引导学生运用所学知识进行讨论、思考、评价,引入必需的理论知识,通过案例和其他实践活动增加对所学法律法规知识的理解,强调理论在实践过程中的应用。

(4)教材应图文并茂,提高学生的学习兴趣,加深学生对建设工程相关法规的认识和理解,教材表达必须精炼、准确、科学。

(5)教材内容只编入有关知识与理论。所有有关法规具体内容应另行印刷。做到教材实用、通用而不落后。可以以专题讲座或其他形式把最新的法律法规引入教学内容范围。

(6)教材中的活动设计的内容要具体,并具有可操作性。

3. 教学参考资料使用建议

主要参考书及参考资料如下:

《中华人民共和国合同法》《中华人民共和国建筑法》《建设工程施工合同(示范文本)》《建筑工程施工许可管理办法》等法律法规。

二级建造师职业资格考试用书《建设工程法规及相关知识》,由中国建筑工业出版社出版。

由于建设工程法律法规往往会更新,所以在参考资料选择时,应该注意采用新颁布的法律法规作为参考资料。

(二)教学建议

(1)在教学过程中,应立足于加强学生综合性专业素质、能力的培养,采用项目导向、任务引导提高学生学习兴趣,激发学生的成就动机。

(2)本课程教学的关键是如何处理好"理论与实践教学一体化"。在教学过程中,教师提出案例和学生分组讨论、训练互动,学生提问与教师解答、指导有机结合,让学生在"教"与"学"的过程中,实现教学目标。

(3)在教学过程中,要创设工作情境,同时应加大实际操作的容量,进行资源库建设,要紧密结合职业资格考试的要求,加强考证的实操项目的训练,在实际操作过程中提高学生的岗位适应能力。

(4)在教学过程中,要应用多媒体、投影等教学资源辅助教学。

(5)在教学过程中,要重视本专业领域新法律法规的颁布使用情况,及时引入新法规的内容。为学生提供职业生涯发展的空间,努力培养学生参与社会实践的创新精神和职业能力。

(6)教学过程中教师应积极引导学生提升职业素养,提高职业道德。

(三)教学考核评价建议

本课程采用自主考核形式,教学考核分为过程性考核、小组汇报答辩、项目汇报、考试。

本课程的总评成绩=平时成绩(出勤、作业、课堂表现)+汇报答辩成绩+期末考试成绩。其中,平时成绩占30%,汇报答辩成绩占40%,期末考试成绩占30%。

在教学考核评价过程中要注意以下几点。

(1)改革传统的学生评价手段和方法,采用阶段评价、过程性评价、理论与实践一体化评价模式。

(2)关注评价的多元性,结合课堂纪律及提问、学生作业、平时测验、考试情况,综合评价学生成绩。

(3)应注重学生在实践中分析问题、解决问题能力的考核，对在学习和应用上有创新的学生应予特别鼓励，全面综合评价学生能力。

(四)课程资源的开发与利用

(1)注重课程资源和现代化教学资源的开发和利用，这些资源有利于创设形象生动的工作情境，激发学生的学习兴趣，促进学生对知识的理解和掌握。同时，建立多媒体课程资源的数据库，努力实现跨学校多媒体资源的共享，以提高课程资源利用效率。

(2)积极开发和利用网络课程资源，充分利用诸如电子书籍、电子期刊、数据库、数字图书馆、教育网站和电子论坛等网上信息资源，使教学从单一媒体向多种媒体转变；教学活动从信息的单向传递向双向交换转变；学生单独学习向合作学习转变。

(3)产学合作，开发实验实训课程资源，充分利用本行业典型的生产企业的资源，进行产学合作，建立实习实训基地，实践“工学”交替，满足学生的实习实训需要，同时为学生的就业创造机会。

(4)建立本专业开放实训中心，使之具备现场教学、实验实训、职业技能证书考证的功能，实现教学与实训合一、教学与培训合一、教学与考证合一，满足学生综合职业能力培养的要求。

(五)其他说明

(1)鉴于高职生源的多样性，在实施中要编好班组，宜于取长补短，共同提高。

(2)指导教师在进行试验时要适时提供相关资料的索引，让学生自己去查阅，确保按时完成任务。

(3)教学过程中教师可采用传统板书与多媒体、视频教学形式相结合的理论教学和课间实习、集中实训、课程设计等实践教学方法；提出实际工程问题(案例)，引导学生去思考、讨论和解决(判断)；调动和培养学生主动学习的自觉性和独立思考的积极性。

(4)本课程标准主要适用于新疆交通职业技术学院城市轨道交通工程技术专业。

课程 17 路基路面施工技术

课程名称:路基路面施工技术
课程性质:专业拓展课
建议学时:72 学时
适用专业:城市轨道交通工程技术

一、前言

(一)课程定位

本课程是城市轨道交通工程技术专业的一门专业拓展课程,是施工员、监督员、建造师等职业岗位培训考试的核心内容。它的任务是研究路基路面施工技术的一般规律,公路施工各主要组成部分的施工技术、工艺原理以及公路施工新技术、新工艺的发展。

通过学习和训练,使学生掌握公路工程中各主要组成部分的施工技术及工艺原理,突出施工员职业岗位能力的培养,培养学生独立分析和解决公路工程施工中有关施工技术问题的基本能力。由于路基路面施工技术实践性强、综合性大、社会性广,工程施工中许多技术问题的解决,均涉及有关学科的综合运用。因此,要求拓宽专业面,扩大知识面,要有牢固的专业基础理论和知识,并自觉地进行运用。

先修课程有城市轨道交通概论、测量仪器使用与数据处理、工程图绘制与识读,并为学生继续学习城市轨道工程勘测技术、城市轨道交通工程施工风险控制技术等专业课程打下基础。

(二)教学设计思路

本课程教学设计的理念可概括为"岗位引领、任务驱动、学做交替"。

该课程设计依据针对施工员和监督员岗位对职业能力的要求,旨在培养城市轨道交通工程技术专业的岗位专业技术人才,按照基于工作过程的高职项目课程体系,即"产业—行业—企业"相结合、"岗位—能力—方案"相结合、"课程—基地—师资"相结合的"三个三结合"原则,以企业需求为先导,确定专业岗位和能力目标。

以"工作项目"为主线,创设工作情境;以书本知识的传授变为动手能力的培养为重点,结合职业技能证书考证,强化学生实践动手能力的培养,以实现职业能力的培养目标。以工作"任务驱动"的纲领设计课堂教学。这仅完成了"教"与"学"的活动过程。"学"为"做"提供丰富的理论,要让学生通过"做"达到训练技能的目的,通过"做"把理论知识转化成岗位工作的能力,同时在"做"的过程中"学"到更多的知识。

本课程标准遵循高等职业院校学生的认知规律,紧密结合职业资格证书中相关技能考核要求,确定本课程的工作模块和课程内容。本课程按照公路施工的基本工序,即路基工程、路面工程以及施工质量检查和控制等进行课程内容安排。选择具有代表性的公路施工现场进行课程内容的实践。

二、课程目标

通过任务引领型的项目活动,掌握公路施工的技能和相关理论知识,对各类分项工程的施工工艺流程有个基本了解,能够承担分项工程施工方案编制、工地现场施工组织管理等工作任务。同时养成诚实、守信、善于沟通和合作的良好品质,为发展职业能力奠定良好的基础。通过对本课程的学习,使学生具备以下专业能力、社会能力和方法能力。

(一)知识目标

(1)掌握一般公路各分部分项工程的常规施工工艺、施工方法及包含的原理。

(2)掌握一般公路工程施工中遇到的一些必要计算方法。

(3)熟悉一般公路建筑各分部分项工程施工中容易出现的常见质量、安全问题及质量、安全验收规范。

(4)熟悉一般公路工程施工安装顺序及所需配备的设施和设备。

(二)技能目标

(1)能描述一般公路施工中各个阶段的主要施工工艺流程。

(2)能比较各种施工方法的主要特点并进行选择。

(3)能初步把握各个施工工序过程中的技术要点并进行控制。

(4)根据施工技术规范对每道工序的成品质量进行检查和控制。

(5)能进行常用的施工计算,以确定施工过程中需要的各种数据。

(6)能编制常规项目的施工组织及安全控制方案。

(三)素质目标

(1)培养辩证思维的能力。

(2)具有严谨的工作作风和敬业爱岗的工作态度。

(3)遵纪守法,自觉遵守职业道德和行业规范。

(4)培养分析问题、解决问题的能力。

三、课程内容与要求(表4-3)

四、实施建议

(一)教材选用和编写建议

1.教材选用

本课程主教材使用人民交通出版社出版、俞高明主编的《路基路面施工技术》高职高专规划教材。

2.教材编写原则与要求

该教材经过多年的使用能够满足城市轨道交通工程技术专业岗位知识和岗位能力的要求,因此不计划再行编制教材。

路基路面施工技术课程内容与要求

表 4-3

序号	项目	能力要求	工作过程	教学过程设计	参考学时	教学资源
1	项目一 路基施工	**知识：** 1. 熟悉公路的基本组成 2. 掌握路基的典型断面 3. 掌握路基施工准备工作内容 **技能：** 1. 能确定路基施工的工艺流程、编制路基施工方案 2. 能在现场组织施工，并进行人员设备的合理调配工作 3. 能进行路基施工的质量控制及管理工作 **素质：** 培养学生认真的学习态度和大局意识	1. 土质路基施工 2. 石质路基施工 3. 特殊路基施工	1. 认识路基，室外实训场现场教学 2. 小组讨论确定施工方法，选择所用机械 3. 课后查阅资料编制施工方案 4. 施工仿真实训软件操作 5. 小组完成任务制作 PPT 汇报	22	1. 专项实训室 2. 仿真实训软件 3. 室外实训场
2	项目二 路基防护 及排水施工	**知识：** 1. 理解路基防护及排水设施的作用及设置目的 2. 掌握路基防护及排水设施的组成及形式 **技能：** 1. 能编制施工方案在现场组织施工 2. 能进行质量控制与管理 3. 能进行现场的组织协调工作 **素质：** 培养认真的学习态度及解决实际问题的能力	1. 路基防护与加固工程施工 2. 路基排水工程施工	1. 参观室外实训场，认识路基防护加固与排水工程类型 2. 安排任务小组内分工 3. 课后查阅资料编制施工方案 4. 小组完成任务制作 PPT 汇报	6	
3	项目三 垫层、(底) 基层施工	**知识：** 1. 理解路面结构的组成及各部分作用 2. 熟悉粒料类材料与半刚性材料的特点 **技能：** 1. 能编制施工方案在现场组织施工 2. 能进行质量控制与管理 3. 能进行现场的组织协调工作 4. 能进行工序校验与验收评定 **素质：** 培养认真的学习态度和严谨的工作态度	1. 柔性（底）基层施工 2. 半刚性（底）基层施工	1. 现场参观认知路面结构 2. 小组讨论确定施工方法，选择所用机械 3. 课后查阅资料编制施工方案 4. 施工仿真实训软件操作 5. 小组完成任务制作 PPT 汇报	12	

续上表

序号	项　目	能力要求	工作过程	教学过程设计	参考学时	教学资源
4	项目四 沥青路面施工	**知识：** 1. 理解沥青路面分类及特点 2. 熟悉沥青路面施工方法及常用机械设备 3. 掌握路面施工准备工作内容 **技能：** 1. 能确定沥青路面工艺流程、编制施工方案 2. 能在现场组织施工，并进行人员设备的合理调配工作 3. 能进行施工质量控制及管理工作 4. 能进行工序校验与验收评定 **素质：** 培养认真的学习态度和严谨的工作态度	1. 透层、黏层施工 2. 封层施工 3. 沥青面层施工	1. 参观室外实训场，掌握沥青路面的分类 2. 小组讨论确定施工方法，选择所用机械 3. 课后查阅资料编制施工方案 4. 施工仿真实训软件操作 5. 小组完成任务制作 PPT 汇报	18	1. 专项实训室 2. 仿真实训软件 3. 室外实训场
5	项目五 水泥混凝土 面层施工	**知识：** 1. 理解水泥混凝土路面的构造及优缺点 2. 熟悉水泥混凝土路面施工方法及常用机械设备 **技能：** 1. 能确定混凝土路面施工工艺流程、编制施工方案 2. 能在现场组织施工，并进行人员设备的合理调配工作 3. 能进行施工质量控制及管理工作 4. 能进行工序校验与验收评定 **素质：** 培养认真的学习态度和严谨的工作态度	1. 滑膜机械铺筑 2. 三辊轴机组铺筑 3. 小型机具铺筑	1. 现场认知水泥混凝土路面 2. 小组讨论确定施工方法，选择所用机械 3. 课后查阅资料编制施工方案 4. 施工仿真实训软件操作 5. 小组完成任务制作 PPT 汇报	8	
机动					6	
合计					72	

（二）教学建议

（1）在教学过程中，应立足于加强学生实际操作能力的培养，采用项目教学，以工作任务引领提高学生学习兴趣，激发学生的成就动机。

（2）本课程教学的关键是施工录像模拟及工地现场教学，应选用典型的道路工程施工过程为载体。在教学过程中，教师示范和学生分组讨论、训练互动，学生提问与教师解答、指导有机结合，让学生在"教"与"学"过程中，会进行常用施工方案编制、现场施工的组织。

（3）在教学过程中，要创设工作情境，同时应加大实践实操的容量，要紧密结合职业技能证书的考证，加强考证的实操项目的训练，在实践实操过程中，使学生掌握施工工艺流程，提高学生的岗位适应能力。

（4）在教学过程中，要应用多媒体、投影等教学资源辅助教学，帮助学生熟悉工地现场的施工过程及控制要点。

（5）在教学过程中，要重视本专业领域新技术、新工艺、新材料的发展趋势，贴近工地现场。为学生提供职业生涯发展的空间，努力培养学生参与社会实践的创新精神和职业能力。

（6）教学过程中教师应积极引导学生提升职业素养，提高职业道德。

（三）教学考核评价建议

（1）改革传统的学生评价手段和方法，采用阶段评价、过程性评价与目标评价相结合，项目评价，理论与实践一体化评价模式。

（2）突出过程评价与阶段（以工作任务模块为阶段）评价，结合课堂提问、训练活动、阶段测验等进行综合评价。

（3）强调目标评价和理论与实践一体化评价，引导学生改变死记硬背的学习方式。

（4）评价时注重学生动手能力和分析问题、解决问题的能力，对在学习和应用上有创新的学生应在评定时给予鼓励。

（5）关注评价的多元性，结合课堂提问、学生作业、平时测验、实验实训、技能竞赛及考试情况，综合评价学生成绩。

（6）本课程的总评成绩 = 平时成绩 + 过程考核成绩 + 笔试成绩。其中，平时成绩占 10%，过程考核成绩占 40%，笔试成绩占 50%。

（四）课程资源的开发与利用

（1）注重课程资源和现代化教学资源的开发和利用，这些资源有利于创设形象生动的工作情境，激发学生的学习兴趣，促进学生对知识的理解和掌握。同时，建议加强课程资源的开发，建立多媒体课程资源的数据库，努力实现跨学校多媒体资源的共享，以提高课程资源利用效率。

（2）积极开发和利用网络课程资源，充分利用诸如电子书籍、电子期刊、数据库、数字图书馆、教育网站和电子论坛等网上信息资源，使教学从单一媒体向多种媒体转变；教学活动从信息的单向传递向双向交换转变；学生单独学习向合作学习转变。同时应积极创造条件搭建远程教学平台，扩大课程资源的交互空间。

（3）产学合作，开发课程资源，充分利用本行业典型的生产企业的资源，进行产学合作，建立实习实训基地，实践"工学"交替，满足学生的实习实训，同时为学生的就业创造机会。

(4)建立一支适应本专业的、稳定的、开放的、具有丰富实践施工经验的兼职教师队伍,实现理论教学与实践教学合一、专职教师与兼职教师合一、课堂教学与工地现场教学合一,满足学生综合职业能力培养的要求。

(五)其他说明

本课程标准主要适用于新疆交通职业技术学院城市轨道交通工程技术专业。

课程 18　公路工程检测技术

课程名称：公路工程检测技术
课程性质：专业拓展课
建议学时：20 学时（理论 8 学时、实践 12 学时）
适用专业：城市轨道交通工程技术

一、前言

（一）课程定位

本课程是高职城市轨道交通工程技术专业的拓展课程。通过本课程的学习，学生能够在认识公路工程的基础上，掌握公路工程现场检测的技能和相关理论知识，熟悉现场检测测试方法，能够进行公路工程施工质量控制、检测及评价，具备运用国家现行施工规范、规程、标准的能力，能解决公路施工中的实际问题。养成诚实、守信、善于沟通和合作的良好品质，为发展职业能力奠定良好的基础。

（二）教学设计思路

本课程的设计思路是：以就业为导向，以"公路工程建设项目施工及验收阶段的质量控制及评价"为主线，针对公路工程检测员的工作岗位划分为检测数据的分析及处理、路基工程技术性能检测及质量评定、路面工程技术性能检测及质量评定、桥涵工程技术性能检测及质量评定、交通工程设施检测及评价 5 个工作任务，围绕工作任务所对应的质量控制、现场检测、质量评定等职业能力选取课程内容，充分体现职业性、实践性和开放性的要求。

在内容的选取及设计上，每个以工作任务为中心的教学单元都结合实际，目的明确。教学过程的实施采用理实一体的模式，理论知识遵循"够用为度"的原则，将考证和职业能力所必需的理论知识点有机地融入各教学单元，并选择具有代表性的工程项目进行课程内容的实践，在真实、复杂的工作环境中通过完成工作任务来培养学生的综合职业能力。

本课程中实训项目的设计重视学生在校学习与实际工作的一致性；依据《公路工程质量检验评定标准》（JTG F80—2004），结合路基土石方工程质量检验评定的实测项目，结合公路路基、路面施工检测任务，有针对性地采取项目导向组织实训内容；坚持以"学生为主体、教师为主导、能力为主线"的指导思想，最大限度地培养学生的动手能力、分析问题和解决问题的能力；实践教学环节 3 ~ 6 名学生一组，学生亲自进行现场检测、数据处理，最后进行成果分析，完成检测报告。

本课程建议总学时为 20 课时。

二、课程目标

(一)知识目标

(1)知道检测数据的分析与处理方法。

(2)掌握路基工程技术性能检测及质量评定方法。

(3)掌握水泥稳定土路面基层及底基层技术性能检测及质量评定方法。

(4)掌握沥青混凝土路面面层工程技术性能检测及质量评定方法。

(5)掌握桥涵工程技术性能检测及质量评定方法。

(6)掌握交通工程设施检测及评价方法。

(二)技能目标

(1)能够进行检测数据的分析与处理。

(2)能够进行路基工程技术性能检测及质量评定。

(3)能够进行水泥稳定土路面基层及底基层技术性能检测及质量评定。

(4)能够进行沥青混凝土路面面层工程技术性能检测及质量评定。

(5)能够进行桥涵工程技术性能检测及质量评定。

(6)能够进行交通工程设施检测及评价。

(三)素质目标

(1)科学务实的工作作风。

(2)认真谨慎的工作态度。

(3)协作团结的工作精神。

(4)刻苦勤奋的学习热情。

(5)守时遵约的劳动纪律。

(6)科学使用仪器设备的职业素养。

三、课程内容与要求(表4-4)

四、实施建议

(一)教材选用和编写建议

1. 教材选用

本课程主教材暂使用人民交通出版社出版、金桃主编的《公路工程检测技术》,建议依据课程标准合理组织教学内容编写教材。

2. 教材编写原则与要求

(1)必须依据本课程标准编写教材,教材应充分体现任务引领、实践导向课程的设计思想。

(2)教材应将本专业职业活动分解成若干典型的工作项目,按完成工作项目的需要和岗位操作规程,结合职业技能证书考证组织教材内容。

(3)教材应图文并茂,提高学生的学习兴趣,加深学生对公路工程现场检测技术的认识和理解。教材表达必须精炼、准确、科学。

公路工程检测技术课程内容与要求

表 4-4

<table>
<tr><th>序号</th><th>项　　目</th><th>能 力 要 求</th><th>工 作 过 程</th><th>教学过程设计</th><th>参考学时</th><th>教 学 资 源</th></tr>
<tr><td>1</td><td>检测数据的分析处理</td><td>知识：
知道检测数据的分析与处理方法
技能：
1. 能进行公路工程抽样检验及检测数据的分析与处理
2. 能够进行公路工程质量检验评定
素质：
认真、严谨、团结、协作</td><td>评定检验公路工程质量</td><td>1. 选取 1km 土方路基检测路段，随机抽样
2. 针对分项工程中实测项目检测结果，分析及处理检测数据
3. 结合案例通过分项—分部—单位评分，计算建设项目分值，评价工程质量</td><td>2</td><td>1. 试验检测仪器
2. 资源库
3. 标准规范
4. 一体化机
5. 电脑</td></tr>
<tr><td rowspan="6">2</td><td rowspan="6">路基工程技术性能检测及质量评定</td><td rowspan="6">知识：
理解和掌握路基工程施工质量控制步骤和方法
技能：
1. 能够进行土方路基实测项目的检测及数据处理
2. 能够评定土方路基分项工程质量
素质：
认真、严谨、团结、协作</td><td rowspan="5">1. 检测土方路基实测项目</td><td>1. 1km 路基检测路段，领取仪器，查阅规范，确定土方路基的实测项目及相关要求，选取测点</td><td>1</td><td rowspan="5">1. 电脑、投影、规范
2. 压实度测定设备、平整度测定设备、回弹测定设备、几何尺寸测定设备
3. 实验报告册</td></tr>
<tr><td>2. 现场检测路基压实度并评定</td><td rowspan="3">1</td></tr>
<tr><td>3. 贝克曼梁法检测路基弯沉并评定</td></tr>
<tr><td>4. 3m 直尺检测路基平整度及数据处理</td></tr>
<tr><td>5. 路基几何尺寸检测及数据处理</td><td>1</td></tr>
<tr><td>2. 评定土方路基分项工程质量</td><td>1. 土方路基基本要求检查
2. 土方路基分项工程外观鉴定检查
3. 土方路基实测项目评分
4. 土方路基分项工程质量保证资料检查
5. 查阅《公路工程质量检验评定标准》中的打分方法，对此分项工程进行评定</td><td>1</td><td>1. 资源库
2. 标准规范
3. 一体化机
4. 电脑</td></tr>
<tr><td rowspan="4">3</td><td rowspan="4">水泥稳定土路面基层及底基层技术性能检测及质量评定</td><td rowspan="4">知识：
理解和掌握路面基层及底基层施工质量控制步骤和方法
技能：
1. 能够进行水泥稳定土基层及底基层实测项目的检测及数据处理
2. 能够评定基层及底基层分项工程质量</td><td rowspan="4">1. 检测无机结合料稳定土基层实测项目</td><td>1. 1km 路面基层检测路段，领取仪器，查阅规范，确定无机结合料稳定土基层的实测项目及相关要求，选取测点</td><td>1</td><td rowspan="4">1. 电脑、投影、规范
2. 无侧限抗压强度测定设备、EDTA 滴定设备、厚度检测设备
3. 实验报告册</td></tr>
<tr><td>2. 现场检测基层厚度并评定</td><td rowspan="3">1</td></tr>
<tr><td>3. 制件检测基层强度并评定</td></tr>
<tr><td>4. EDTA 检测水泥稳定土基层中水泥剂量（注：实测项目中与路基相同的不再重复）</td></tr>
</table>

<table>
<tr><th>序号</th><th>项　　目</th><th>能力要求</th><th>工作过程</th><th>教学过程设计</th><th>参考学时</th><th>教学资源</th></tr>
<tr><td>3</td><td>水泥稳定土路面基层及底基层技术性能检测及质量评定</td><td>素质：
认真、严谨、团结、协作</td><td>2. 评定无机结合料稳定土基层分项工程质量</td><td>1. 无机结合料稳定土基层基本要求检查
2. 无机结合料稳定土基层分项工程外观鉴定检查
3. 无机结合料稳定土基层实测项目评分
4. 无机结合料稳定土基层分项工程质量保证资料检查
5. 查阅《公路工程质量检验评定标准》中的打分方法，对此分项工程进行评定</td><td>1</td><td>1. 资源库
2. 标准规范
3. 一体化机
4. 电脑</td></tr>
<tr><td rowspan="9">4</td><td rowspan="9">沥青混凝土路面面层工程技术性能检测及质量评定</td><td rowspan="9">知识：
理解和掌握沥青混凝土路面面层施工质量控制步骤和方法
技能：
1. 能够进行沥青混凝土路面面层实测项目的检测及数据处理
2. 能够评定沥青混凝土路面面层分项工程质量
素质：
认真、严谨、团结、协作</td><td rowspan="8">1. 检测沥青混凝土路面面层实测项目</td><td>1. 1km 路面基层检测路段，领取仪器，查阅规范，确定沥青混凝土路面面层的实测项目及相关要求，选取测点（注：实测项目中与路基相同的不再重复）</td><td>1</td><td rowspan="8">1. 电脑、投影、规范
2. 仪器设备
3. 实验报告册</td></tr>
<tr><td>2. 现场检测面层厚度并评定</td><td rowspan="2">1</td></tr>
<tr><td>3. 钻芯取样检测面层压实度并评定</td></tr>
<tr><td>4. 贝克曼梁法检测路面面层弯沉并评定</td><td>1</td></tr>
<tr><td>5. 平整度仪检测平整度</td><td rowspan="4">1</td></tr>
<tr><td>6. 沥青路面渗水系数检测</td></tr>
<tr><td>7. 路面几何尺寸检测</td></tr>
<tr><td>8. 路面抗滑性能检测</td></tr>
<tr><td>2. 评定沥青混凝土路面面层分项工程质量</td><td>1. 沥青混凝土路面面层基本要求检查
2. 沥青混凝土路面面层分项工程外观鉴定检查
3. 沥青混凝土路面面层实测项目评分
4. 沥青混凝土路面面层分项工程质量保证资料检查
5. 查阅《公路工程质量检验评定标准》中的打分方法，对此分项工程进行评定</td><td>1</td><td>1. 资源库
2. 标准规范
3. 一体化机
4. 电脑</td></tr>
</table>

续上表

序号	项　目	能力要求	工作过程	教学过程设计	参考学时	教学资源
5	桥涵工程技术性能检测及评价	**知识：** 理解和掌握桥梁工程主要结构的施工质量控制步骤和方法 **技能：** 能够进行桥梁工程部分实测项目的检测及数据处理 **素质：** 认真、严谨、团结、协作	1. 桥涵工程技术性能检测	1. 查阅技术规程，熟悉桥梁检测项目及相关要求，在桥梁实训基地针对部分有代表性项目进行现场实测 2. 涵地基承载力检测 3. 钢筋安装检测 4. 钻孔灌注桩检测 5. 结构混凝土强度检测	1	1. 电脑、投影、规范 2. 仪器设备 3. 实验报告册
			2. 评定涵洞总体分项工程质量	1. 涵洞总体分项工程基本要求检查 2. 涵洞总体分项工程外观鉴定检查 3. 涵洞总体分项工程实测项目评分 4. 涵洞总体分项工程质量保证资料检查 5. 查阅《公路工程质量检验评定标准》中的打分方法，对此分项工程进行评定	1	1. 电脑、投影、规范 2. 仪器设备 3. 实验报告册
6	交通工程设施检测及评价	**知识：** 熟悉护栏、防眩设施、隔离防护设施、交通标志、交通标线、监控、收费、通信设施检测方法 **技能：** 能够进行护栏、防眩设施、隔离防护设施、交通标志、交通标线、监控、收费、通信设施现场检测 **素质：** 认真、严谨、团结、协作	1. 交通工程设施检测	1. 查阅技术规程，熟悉交通安全设施检测项目及相关要求，在安全设施实训基地和环校公路针对部分有代表性项目进行现场实测 2. 交通标志检测 3. 路面标线检测 4. 波形梁钢护栏检测 5. 混凝土护栏检测 6. 防眩设施检测	1	1. 电脑、投影、规范 2. 仪器设备 3. 实验报告册
			2. 评定路面标线分项工程质量	1. 路面标线分项工程基本要求检查 2. 路面标线分项工程外观鉴定检查 3. 路面标线分项工程实测项目评分 4. 路面标线分项工程质量保证资料检查 5. 查阅《公路工程质量检验评定标准》中的打分方法，对此分项工程进行评定	1	1. 资源库 2. 标准规范 3. 一体化机 4. 电脑
机动					2	
合计					20	

(4)教材内容应体现先进性、通用性、实用性,要将公路工程施工检测的新设备、新工艺、新技术及时地纳入教材,使教材更贴近本专业的发展和实际需要。

(5)教材中活动设计的内容要具体,并具有可操作性。

3.教材、教学参考资料使用建议

参考书目建议采用《公路路基路面现场测试规程》(JTG E60—2008),《公路工程质量检验评定标准》(JTG F80—2004)。

由于质量评定标准和现场测试规范往往会更新,所以在参考资料选择时,应该注意采用新标准的参考资料。

(二)教学建议

(1)在教学过程中,应立足于加强学生综合性专业素质、能力的培养,采用项目导向、任务引导提高学生学习兴趣,激发学生的成就动机。

(2)本课程教学的关键是如何处理好"理论与实践教学一体化"。在教学过程中,教师示范和学生分组讨论、训练互动,学生提问与教师解答、指导有机结合,让学生在"教"与"学"的过程中,实现教学目标。

(3)在教学过程中,要创设工作情境,同时应加大实际操作的容量,要紧密结合职业技能鉴定的要求,加强考证的实操项目的训练,在实际操作过程中提高学生的岗位适应能力。

(4)在教学过程中,要应用多媒体、投影等教学资源辅助教学,帮助学生熟悉施工现场的施工过程及质量检测要点。

(5)在教学过程中,要重视本专业领域新技术、新工艺、新设备的发展趋势,贴近工地现场。为学生提供职业生涯发展的空间,努力培养学生参与社会实践的创新精神和职业能力。

(6)教学过程中教师应积极引导学生提升职业素养,提高职业道德。整个教学过程要求由工程实践经验丰富的"双师型"教师团队组织完成。

(三)教学考核评价建议

(1)改革传统的学生评价手段和方法,注重阶段性考核、过程考核与结果评价相结合,从专业知识、操作技能及情感态度等方面全方位对学生的学习进行综合评价,考核方式及百分比分配建议如下。

平时成绩(过程评价:日常教学过程考核)占30%。

期中成绩(阶段性评价:操作技能考核)占40%。

期末成绩(综合评价:试卷形式考核)占30%。

(2)关注评价的多元性,结合课堂提问、学生作业、平时测验、实验实训、技能竞赛及考试情况,综合评价学生成绩。

(3)应注重学生动手能力和实践中分析问题、解决问题能力的考核,对在学习和应用上有创新的学生应予特别鼓励,全面综合评价学生能力。

(四)课程资源的开发与利用

(1)采用符合职业技术教育规律的教学方法——理实一体、工学交替、任务驱动教学、项目教学、案例教学、情境教学等,通过丰富的视频、实物模型和网络平台等向学生提供大量的工程实例、现场检测成果等,提高学生的发散思维能力、获取信息的能力和具有网络环境下的学习能力,实现开放式的教学。

(2)本课程已建成院级精品课程,通过课程教学网站为学生提供充足的教学资源。学生可以通过教学课件、教学视频和实践教学全程录像进行自主学习。通过课程教学网站为学生提供参考书目和相关专业网站的链接,供学生参考使用。为学生精心选择了教学参考书,同时精心选择了若干专业网站发布在课程教学网站上并定期更新,拓展学生的理论视野。

(3)工学合作开发实验实训课程资源,充分利用本行业典型的生产企业的资源,建立实习实训基地,实践"工学"交替,满足学生的实习实训需要,同时为学生的就业创造机会。

(4)建立本专业开放实训中心,使之具备现场教学、实验实训、职业技能证书考证的功能,实现教学与实训合一、教学与培训合一、教学与考证合一,满足学生综合职业能力培养的要求。

(五)其他说明

(1)针对课程特点,加强实践教学内容,本课程以实践教学为主,以课堂教学为辅,侧重学生公路工程检测能力的培养。

(2)根据课程内容,教师可采用传统板书与多媒体、视频教学形式相结合的理论教学和课间实习、集中实训、课程设计等实践教学方法;提出实际工程问题,引导学生去思考、讨论和解决;调动和培养学生学习的自觉性和独立思考的积极性。

课程 19　轨道交通运营与管理

课程名称:轨道交通运营与管理
课程性质:专业拓展课
建议学时:32 学时(理论 20 学时、实践 12 学时)
适用专业:城市轨道交通工程技术

一、前言

(一)课程定位

本课程是城市轨道交通工程技术专业的一门专业拓展课。课程通过理论教学、实践性教学和理论知识的拓展,加上课堂讨论、课内外练习、小组研究,使学生掌握城市轨道交通运营与管理的相关知识,能够对城市轨道交通的运营管理有较全面的了解和把握,并能够熟练运用所学知识确保列车的运行安全和行车效率,为将来从事城市轨道交通运营指挥和管理设备维护等工作提供知识保障。

(二)教学设计思路

本课程的总体设计思路是:紧扣城市轨道交通工程技术专业的人才培养方案,围绕“四个合作”,“以市场需求为导向,以职业能力为核心”,校企合作共同进行课程建设和课程教学。打破以知识传授为主要特征的传统学科课程模式,转变为以工程项目、工作任务为中心组织课程内容,并将职业素质培养融入课程,实施教学做一体化法和过程性评价方法,以此发展学生的职业能力和职业素养。

在课程内容设计上,邀请行业企业专家对城市轨道交通工程技术专业的专业背景、专业所涵盖的岗位群进行工作任务和职业能力分析,以及支撑专业核心能力的课程分析,并以此为依据确定本课程的工程项目、工作任务和课程内容。根据城市轨道交通工程所涉及的城市轨道交通运营与管理等相关知识和技能要求,设计若干个项目,再将每个项目细化,划分为若干个学习情境。

在课程教学方法和教学手段设计上,以项目组织教学,并让学生在完成具体项目的过程中学会完成相应工作任务,根据高职学生的认知规律和知识基础,实施情境化教学、理实一体化教学,以此锻炼学生解决实际问题的能力。

在教学效果考核上,采取过程评价与结果评价相结合的方式,重点考核学生的职业能力。

二、课程目标

(一)知识目标

(1)了解城市轨道交通系统运营特征。

(2)了解各种常用轨道交通设备的特点,掌握轨道交通设备的类型与原理。
(3)了解客流、客流计划、行车计划等相关概念。
(4)掌握列车运行图的表示与分类及编制要素。
(5)掌握调度指挥的基本内容及主要技术要求。
(6)了解城市轨道交通行车组织作业的技术设备、行车作业,了解最新的发展动态。
(7)了解客流预测与调查分析的方法。
(8)掌握换乘枢纽的运营管理及衔接布局。
(9)了解事故的影响因素与事故处理的方法。

(二)技能目标

(1)使学生知道怎样能确保轨道交通设备可靠有效地工作。
(2)能够编制城市轨道交通中全日行车计划及列车开行方案。
(3)能够编制列车运行图与指标计算。
(4)掌握调度指挥组织调整。
(5)能够预测客流与调查分析。
(6)能够编制简单换乘枢纽的运营管理及衔接布局方案。
(7)能够分析事故的影响因素并编制处理方案。

(三)素质目标

通过具体的项目实训,能够爱岗敬业,积极主动工作,养成遵守操作规程、工作整洁、有序、爱惜仪器设备的良好习惯,能认真负责、实事求是、坚持原则、一丝不苟地依据标准进行操作,并在工作实践中能够遵守劳动纪律,注意安全,具备良好的敬业精神和协作精神,坚持努力学习,形成良好的职业素养和勤奋工作的基本素质。

三、课程内容与要求(表4-5)

四、实施建议

(一)教材选用和编写建议

1.教材选用

本课程建议采用中国铁道出版社出版的何静主编的《城市轨道交通运营管理》高职铁路职业教育规划教材。

本教材基本上能满足教学,为了更好地完成教学内容和教学目标,也可以根据课程标准进行教材的编写。

2.教材编写原则与要求

必须依据本课程标准编写教材,教材应充分体现任务引领、实践导向课程的设计思想。

教材应将本专业职业活动分解成若干典型的工作项目,按完成工作项目的需要和岗位操作规程,结合职业技能证书考证组织教材内容。引入必需的理论知识,增加实践实操内容,强调理论在实践过程中的应用。

表 4-5

城市轨道交通运营与管理课程内容与要求

序号	项目	能力要求	工作过程	教学过程设计	参考学时	教学资源
1	项目一 城市轨道交通系统设备	**知识：** 1. 了解各种常用轨道交通设备的特点 2. 掌握轨道交通设备的类型与原理 **技能：** 使学生知道怎样能确保轨道交通设备可靠有效的工作 **素质：** 培养认真的学习态度和严谨的工作态度	1. 列车运行设备	1、通过网络资源收集各类列车运行设备 2. 找出这些列车运行设备的特点 3. 了解这些设备的原理	2+2	1. 机电轨道仿真实训室 2. 网络专业资料 3. 专业资源中心图文
			2. 客运服务设备	1. 通过网络资源收集各类客运服务设备 2. 找出这些客运服务设备的特点 3. 了解这些设备的原理		
			3. 其他设备	1. 通过网络资源收集各类其他设备 2. 找出这些设备的特点 3. 了解这些设备的原理		
2	项目二 客运计划	**知识：** 1. 了解客流、客流计划、行车计划等相关概念 2. 掌握我国城市轨道交通中全日行车计划编制方法及列车开行方案 **技能：** 1. 掌握编制城市轨道交通中全日行车计划的方法 2. 掌握列车开行方案编制的方法 **素质：** 培养认真的学习态度及解决实际问题的能力，培养严谨的工作态度	1. 客流计划	1. 对客流进行统计 2. 对客流进行调查分析，编制客流计划	2+4	网络专业资料
			2. 全日行车计划	1. 统计最大断面客流量 2. 列车定员人数和车载满载率		
			3. 车辆运用计划	1. 车辆运用的分类 2. 车辆运用计划编制的方法		
			4. 列车开行方案	1. 收集资料 2. 列车开行方案编制的方法		
3	项目三 列车运行图	**知识：** 1. 了解列车运行图的基本概念 2. 掌握列车运行图的表示与分类及编制要素 **技能：** 能编制简单列车运行图与指标计算 **素质：** 培养认真的学习态度及解决实际问题的能力，培养严谨的工作态度	列车运行图的编制	1. 收集编图资料 2. 确定全日行车计划 3. 计算所需列车数量，并绘制草图 4. 根据列车运行方案铺画详细的列车运行图	2+2	1. 网络专业资料 2. 专业资源中心图文

续上表

序号	项　　目	能 力 要 求	工 作 过 程	教学过程设计	参考学时	教 学 资 源
4	项目四 列车运行 调度指挥	**知识：** 1. 掌握调度指挥的基本内容及主要技术要求 2. 掌握调度指挥组织调整 **技能：** 掌握调度指挥组织调整 **素质：** 培养认真的学习态度及解决实际问题的能力，培养严谨的工作态度	列车运行调度指挥	1. 通过多媒体对轨道交通列车运行指挥的认识 2. 通过案例了解行车调度指挥工作 3. 列车运行组织调整	4	1. 网络专业资料 2. 专业资源中心图文
5	项目五 车站行车 作业组织	**知识：** 了解城市轨道交通行车组织作业的技术设备、行车作业和最新的发展动态 **技能：** 掌握列车行车作业组织的原则 **素质：** 培养认真的学习态度及解决实际问题的能力，培养严谨的工作态度	车站行车作业组织	1. 车站行车技术设备 2. 接发列车作业和列车折返作业 3. 车站施工作业组织	2	1. 网络专业资料 2. 专业资源中心图文
6	项目六 轨道交通车场 作业组织	**知识：** 1. 了解车辆运用整备设施 2. 车场内行车作业组织 **技能：** 掌握车场内行车作业组织的内容 **素质：** 培养认真的学习态度及解决实际问题的能力，培养严谨的工作态度	车场作业组织	1. 调车指挥及要求 2. 调车工作制度 3. 调车计划的布置和变更	2	1. 网络专业资料 2. 专业资源中心图文

续上表

序号	项　目	能力要求	工作过程	教学过程设计	参考学时	教学资源
7	项目七 城市轨道交通客运管理	**知识：** 1. 了解客流预测与调查分析的方法 2. 掌握客流服务特点与组织流程 **技能：** 能够对客流进行分析，掌握客流组织流程 **素质：** 培养认真的学习态度及解决实际问题的能力，培养严谨的工作态度	城市轨道交通客运管理	1. 通过对乘客情况的抽样调查、断面客流目测调查或节假日客流调查，进行客流分析 2. 客流组织的流程是：引导乘客进站，问询服务，售检票服务，组织升降，出站检票	2	1. 网络专业资料 2. 专业资源中心图文
8	项目八 轨道交通换乘枢纽	**知识：** 掌握换乘枢纽的基本概念 **技能：** 掌握换乘枢纽的运营管理及衔接布局 **素质：** 培养认真的学习态度及解决实际问题的能力，培养严谨的工作态度	轨道交通换乘枢纽	1. 轨道交通枢纽的确定 2. 轨道交通枢纽运营管理 3. 轨道交通换乘枢纽的衔接布局	2	1. 网络专业资料 2. 专业资源中心图文
9	项目九 轨道交通事故处理	**知识：** 了解事故的影响因素 **技能：** 了解事故处理的方法 **素质：** 培养认真的学习态度及解决实际问题的能力	事故处理	1. 事故发生的影响因素分析 2. 事故调查处理 3. 事故处理应急预案编制	2	1. 网络专业资料 2. 专业资源中心图文
机动					4	
合计					32	

教材应图文并茂，提高学生的学习兴趣，加深学生对轨道交通运营与管理的认识和理解。教材表达必须精炼、准确、科学。

教材内容应体现先进性、通用性、实用性，要将新技术、新工艺、新标准及时地纳入教材，使教材更贴近本专业的发展和实际需要。

教材中的活动设计的内容要具体，并具有可操作性。

3. 教学参考资料使用建议

(1)张国宝，城市轨道交通运营组织，上海科学技术出版社，2012 年出版。

(2)费安萍，城市轨道交通运输设备的运用，西南交通大学出版社，2008 年出版。

(二)教学建议

(1)在教学过程中，应立足于加强学生实际操作能力的培养，采用项目教学，以工作任务引领提高学生学习兴趣，激发学生的成就动机。

(2)在教学过程中，要创设工作情境，同时应加大实践实操的容量，提高学生的岗位适应能力。

(3)在教学过程中，要应用多媒体、投影等教学资源辅助教学，使学生有更直观的认识。

(4)在教学过程中，要重视本专业领域新技术的发展趋势，贴近工作实际。为学生提供职业生涯发展的空间，努力培养学生参与社会实践的创新精神和职业能力。

(5)教学过程中教师应积极引导学生提升职业素养，提高职业道德。

(三)教学考核评价建议

(1)改革传统的学生评价手段和方法，采用阶段评价、过程性评价与目标评价相结合，理论与实践一体化的评价模式。

(2)关注评价的多元性，结合课堂提问、学生作业、平时测验、实验实训及考试情况，综合评价学生成绩。

(3)应注重学生动手能力和实践中分析问题、解决问题能力的考核，对在学习和应用上有创新的学生应予特别鼓励，全面综合评价学生能力。

(4)本课程的总评成绩 = 平时成绩 + 大作业总结 + 期末考试成绩。其中，平时成绩占 30%、大作业总结成绩占 30%、期末考试成绩占 40%。

形式为自主考核。

(四)课程资源的开发与利用

(1)注重课程资源和现代化教学资源的开发和利用，这些资源有利于创设形象生动的工作情境，激发学生的学习兴趣，促进学生对知识的理解和掌握。同时，建议加强课程资源的开发，建立多媒体课程资源的数据库，努力实现跨学校多媒体资源的共享，以提高课程资源利用效率。

(2)积极开发和利用网络课程资源，充分利用诸如电子书籍、电子期刊、数据库、数字图书馆、教育网站和电子论坛等网上信息资源，使教学从单一媒体向多种媒体转变；教学活动从信息的单向传递向双向交换转变；学生单独学习向合作学习转变。

(3)建立一支适应本课程的教学团队。

(4)产学合作开发课程资源，充分利用本行业典型的生产企业的资源，进行产学合作，建立实习实训基地，实践“工学”交替，满足学生的实习实训，同时为学生的就业创造机会，建设一支专业的、稳定的、开放性的、具有丰富实践施工经验的兼职教师队伍，实现理论教学与实践教学合一、专职教师与兼职教师合一，满足学生综合职业能力培养的要求。

(五)其他说明

本课程标准仅适用于新疆交通职业技术学院城市轨道交通工程技术专业及专业群。

课程 20　能力提升实训

课程名称:能力提升实训
课程性质:综合实践课
建议学时:208 学时
适用专业:城市轨道交通工程技术

一、前言

(一)课程定位

本课程是高职城市轨道交通工程技术专业的综合实践课程之一,其面向的是城市轨道施工、养护与维修等岗位,培养的核心能力为施工、养护与维修、管理能力。

同时,培养学生具有良好的政治素质与道德修养,具有良好的职业道德、心理素质、健康体魄和团队精神和日后适应城市轨道交通企业生产、建设、管理等一线岗位需要的方法能力和社会能力。

其要以轨道工程测量、公路工程检测技术、工程图绘制与识读、岩土工程基础等课程学习为基础,它是进一步学习城市轨道交通轨道施工技术等后续专业课程的基础。

(二)设计思路

本课程的总体设计思路是:紧扣城市轨道交通工程技术专业的人才培养方案,围绕"四个合作","以市场需求为导向,以职业能力为核心",校企合作共同进行课程建设和课程教学。打破以知识传授为主要特征的传统学科课程模式,转变为以工程项目、工作任务为中心组织课程内容,并将职业素质培养、职业资格考证融入课程,实施教学做一体化法和过程性评价方法,以发展学生的职业能力和职业素养。

在课程内容设计上,邀请行业企业专家对城市轨道交通工程技术专业的专业背景、专业所涵盖的岗位群进行工作任务和职业能力分析,以及支撑专业核心能力的课程分析,以此为依据确定本课程的工程项目、工作任务和课程内容。根据城市轨道交通工程所涉及的城市轨道交通工程施工建设、资料编制、养护和维修、桥梁隧道等的相关知识和技能要求,设计若干个项目,再将每个项目细化,划分为若干个学习情境。

在课程教学方法和教学手段设计上,以项目组织教学,让学生在完成具体项目的过程中学会完成相应工作任务,根据高职学生的认知规律和知识基础,实施情境化教学、理实一体化教学,利用"轨道检测实验室"、"校内室外轨道综合实训场"、校外现场实习基地,以此锻炼学生解决实际问题的能力。

在教学效果考核上,采取过程评价与结果评价相结合的方式,重点考核学生的职业能力。

二、课程目标

(一)知识目标

(1)了解施工资料种类。
(2)了解施工风险种类。
(3)了解隧道施工方法。
(4)了解线桥隧检测要点。
(5)掌握施工资料编制方法。
(6)了解轨道病害种类。
(7)掌握施工风险辨析。
(8)掌握线路检查、检测技术及养护维修与管理。
(9)了解线路维修验收标准与质量评定。

(二)技能目标

(1)掌握轨道构造,主要是无碴轨道。
(2)熟悉轨道几何形位。
(3)熟悉道岔的构造及几何形位。
(4)掌握轨道的施工与安全管理。
(5)熟悉轨道养护维修工作的原则。
(6)掌握轨道养护力学。
(7)熟悉养护机械。
(8)掌握线路检查、检测技术及养护维修与管理。
(9)掌握线路维修验收标准与质量评定。

(三)素质目标

(1)具有健康的体魄、完整的人格和良好的意志品质,适应本专业艰苦的野外工作环境。
(2)具有爱岗敬业、作风严谨、踏实,吃苦耐劳、富有进取心和责任感的品质。
(3)具有安全意识、法律意识,为人诚实,遵章守纪。
(4)具有较好的表达能力、人际沟通能力及组织协调能力,有较强的团队精神与合作意识。
(5)具有自主学习的能力和交流沟通能力。
(6)具有团队合作精神。

三、课程内容与要求

根据专业课程目标和涵盖的工作任务要求,确定课程内容和要求,说明学生应获得的知识、技能与态度。

根据以上能力提升实训的设计思路和课程目标,课程的工作任务、知识内容和要求、技能内容和要求以及对应的课时,如表 4-6 所示。

能力提升实训课程内容与要求

表 4-6

序号	项 目	能 力 要 求	工 作 过 程	教学活动设计	参考学时	教 学 资 源
1	项目一 施工资料编制	**知识：** 1. 掌握工程建设资料管理中质量验收的划分与验收、资料的编制、归档整理与竣工备案及计算机辅助资料管理的内容 2. 掌握现场资料员工作的主要内容 3. 掌握现场质安员的主要工作内容 **技能：** 1. 熟悉现场资料员工作内容，完全达到资料员标准，基本能胜任资料员工作 2. 能辅助进行工程质量的验收和参与指导工程实体的建造过程 **素质：** 1. 培养较好的职业道德、社会公德 2. 培养现代的文化模式——主体意识、超越意识、契约意识 3. 培养较强的学习能力、动手能力、合作能力、创业能力 4. 养成科学的工作模式，工作有思想性、建设性、整体性	1. 工程单位、分部、分项划分	根据给定项目进行工程单位、分部、分项划分	30	1. 网络资源 2. 课程内容 3. 资料编制办法 4. 资源库：铁道和轨道专业资源库
			2. 资料的编制	根据划分的单位、分部、分项划分表进行资料的编制		
			3. 归档和竣工备案	按照资料编制要求进行资料归档并编号备案		
2	项目二 施工风险控制	**知识：** 1. 掌握制订事故应急预案的基本方法 2. 掌握一定防火灭火知识和方法 **技能：** 1. 熟悉城市轨道交通企业安全管理的基本方法 2. 灵活运用城市轨道交通安全管理原则和安全管理手段于实践中 3. 熟悉我国城市轨道交通安全管理相关的法律法规 4. 掌握制订事故应急预案的基本方法 5. 深刻认识心理因素对安全生产的影响 6. 掌握一定的防火灭火基础知识 **素质：** 1. 具备基本的安全常识 2. 有主动学习、自我发展能力 3. 有分工合作、团队协作能力 4. 与人交流的能力 5. 应急事故处理能力 6. 具备综合分析问题、解决实际问题的能力 7. 开拓创新的能力	1. 制订事故应急预案	制订事故应急预案	10	1. 灭火器 2. 实训基地 3. 专业资源库
			2. 灭火器操作	灭火器操作使用	10	

续上表

序号	项目	能力要求	工作过程	教学活动设计	参考学时	教学资源
3	项目三 隧道及地下工程实训	**知识：** 隧道洞身测量、隧道沉降观测及数据处理、技术交底、施工放样、资料整理 **技能：** 1. 能够进行遂道施工技术交底 2. 能合理选择铁路隧道的施工工艺和施工方法 3. 能进行隧道施工放样 4. 能够进行遂道周边收缩、拱顶下沉、锚杆抗拔力的量测 5. 能够进行监控量测数据的处理 **素质：** 培养认真的学习态度及解决实际问题的能力，培养严谨的工作态度	1. 隧道施工放样	全站仪放样	20	全站仪、断面仪、探伤仪、雷达探测仪、轴力计、收敛仪等设备
			2. 隧道洞身断面测量	利用隧道断面测量仪测设并处理数据	20	
			3. 隧道沉降观测	遂道周边收缩、拱顶下沉、锚杆抗拔力检测及数据处理	30	
4	项目四 线桥隧检测	**知识：** 道床相关知识，桥梁、隧道知识 **技能：** 1. 仪器操作能力 2. 绘制图形能力 3. 数据计算能力 **素质：** 培养认真的学习态度及解决实际问题的能力，培养严谨的工作态度	1. 线路中线测量及断面测量	全站仪测设特殊曲线、线路纵断面、横断面，测量的方法、内容及实施，绘制纵横断面图	16	全站仪、水准仪、钢尺等
			2. 线路路基施工测量	1. 路基边坡坡脚放样及施工中的测量方法 2. 路基边坡坡脚放样及施工中的测量内容 3. 路基边坡坡脚放样及施工中的测量实施过程 4. 线路竖曲线的计算及测量方法 5. 完成竖曲线测量工作	12	
			3. 隧道导坑延伸测量	1. 计算隧道中线坐标 2. 隧道中线放样测量方法	16	

续上表

序号	项　目	能力要求	工作过程	教学活动设计	参考学时	教学资源
5	项目五 轨道病害调查与分析	**知识：** 钢轨、轨道病害、病害原因分析、病害测设 **技能：** 1. 检测仪器使用的能力 2. 测设数据分析的能力 3. 资料整理的能力 **素质：** 培养认真的学习态度及解决实际问题的能力，培养遇事不惊的能力	1. 轨检小车使用	轨检小车操作及数据处理	20	轨检小车、探伤仪、实训室
			2. 探伤仪使用	探伤仪操作及数据处理	20	
6	项目六 前沿讲座	**知识：** 所有学习过的课程相关知识 **技能：** 1. 获取新知识的能力 2. 举一反三的能力 3. 分析和提出问题的能力 **素质：** 培养认真的学习态度及解决实际问题的能力，培养遇事不惊的能力	3. 专家讲座	聘请校外专家进行前沿科技讲座	4	1. 网络资源 2. 课程内容 3. 资源库：铁道和轨道专业资源库
合计					208	

四、实施建议

(一)教材选用和编写建议

1. 教材选用

(1)练松良,轨道工程,同济大学出版社,2006 年出版。

(2)陈秀方,轨道工程,中国建筑工业出版社,2005 年出版。

(3)韩峰,铁道线路工程施工,中国铁道出版社,2006 年出版。

(4)何奎元,铁路轨道与维修,中国铁道出版社,2008 年出版。

2. 教材编写原则与要求

建议依据课程标准,以充分体现项目课程设计思想,编写符合基于工作过程、融入城市轨道交通工程养护与维修职业标准的工学结合教材。

(1)必须依据本课程标准编写教材,教材应充分体现任务引领、实践导向课程的设计思想。

(2)教材应根据本标准制订的教学目标,按完成工作任务的生产过程,结合职业技能鉴定要求组织教材内容。

(3)要以代表性工程案例制作多媒体教学课件,引入必需的理论知识,增加实际操作内容,强调理论在实践过程中的应用。

(4)教材应图文并茂,提高学生的学习兴趣,加深学生对路基工程实用技术的认识和理解。教材表达必须精炼、准确、科学。

(5)教材内容应体现先进性、通用性、实用性,要将本专业新技术、新工艺、新材料及时地纳入教材,使教材更贴近本专业的发展和实际需要。

(6)教材中的活动设计的内容要具体,并具有可操作性。

3. 教材、教学参考资料使用建议

由于城市轨道交通工程不断地发展,轨道养护与维修标准往往会不断更新,所以在选择参考资料时,应该注意采用新标准的参考资料。

(二)教学建议

1. 教学条件

(1)软硬件条件。配备有电脑网络多媒体教学系统的教室。有城市轨道交通工程施工与养护维修场实习基地,学生能够理论与实践相结合。

(2)师资条件。

组成一支职称结构、学历结构、年龄结构、专兼比例合理的课程教学“双师”结构师资队伍。主讲教师具有硕士以上学历和中级以上职称,能综合实施项目教学法、任务驱动法、引导文法等各种行动导向教学法,能较好地掌握计算机技术、网络技术等新知识新技能,并具有相关职业资格技能证书,动手能力强;带领实习的辅助教师应具有较强的职业技能,具有较丰富的企业一线工作经验,具有高级工以上职业资格证书。

2. 教学方法

贯彻“以学生为中心”的教学理念,实施行动导向教学方法,学生以小组形式,在教师的引导下通过项目的完成，达到专业知识学习和专业技能训练的目的。创造学习环境，创设有利于学生对知识意义构建的教学情境，在教学情境下使学生能够独立思考、共同探索、协作完成，使老师从知识传授者的角色转为学生学习过程的组织者、咨询者和指导者，使教学过程向学生自觉学习过程转化。

(1)在教学过程中，应立足于加强学生综合性专业素质、能力的培养，采用项目导向、任务引导提高学生学习兴趣，激发学生的成就动机。

(2)本课程教学的关键是如何处理好“理论与实践教学一体化”。在教学过程中，教师示范和学生分组讨论、训练互动，学生提问与教师解答、指导有机结合，让学生在“教”与“学”的过程中，掌握轨道的构造、能进行轨道线路检测及养护维修等。

(3)在教学过程中，应加大实际操作的容量，要紧密结合职业技能鉴定的要求，加强考证的实操项目的训练，在实际操作过程中提高学生的岗位适应能力。

(4)在教学过程中，要应用多媒体、投影等教学资源辅助教学，帮助学生熟悉工地现场的轨道检测、养护、维修的过程及控制要点。

(5)教学过程中教师应积极引导学生提升职业素养，提高职业道德。整个教学过程要求由工程实践经验丰富的“双师型”教师团队组织完成。

(三)教学考核评价建议

(1)改革传统的学业评价手段和方法，采用阶段评价、过程性评价与目标评价相结合，理论与实践一体化的评价模式。

(2)关注评价的多元性，结合课堂提问、学生作业、平时测验、实验实训、技能竞赛及考试情况，综合评价学生成绩。

(3)应注重学生动手能力和实践中分析问题、解决问题能力的考核，对在学习和应用上有创新的学生应予特别鼓励，全面综合评价学生能力。

由注重知识考核，变革为注重能力考核，采用形成性考核评价方法。

(1)期末考查占40%，完成项目任务占40%，平时考勤占20%。

(2)项目评价采用教师评价和学生自评相结合的形式，即“组长系数制”。每项项目完成后，由各小组提交一份成果报告，内容越丰富越有内涵，全组加分越高；适当时候进行小组答辩，对项目实施能提出新的观点及一些好的建议或相关案例的，适当加分。这样教师先给出各小组得分→组长再根据组员在工作完成中所起的作用和表现状况，初定组员系数(0.8~1.1)→再经教师和班干部、组长开“碰头会”，对系数进行调整确认→小组分乘系数，得各组员的得分。

(四)课程资源的开发与利用

(1)注重课程资源和现代化教学资源的开发和利用，这些资源有利于创设形象生动的工作情境，激发学生的学习兴趣，促进学生对知识的理解和掌握。同时，建立多媒体课程资源的数据库，努力实现跨学校多媒体资源的共享，以提高课程资源利用效率。

(2)积极开发和利用网络课程资源，充分利用诸如电子书籍、电子期刊、数据库、数字图书馆、教育网站和电子论坛等网上信息资源，使教学从单一媒体向多种媒体转变；教学活动从信息的单向传递向双向交换转变；学生单独学习向合作学习转变。

(3)产学合作开发实验实训课程资源，充分利用本行业典型的生产企业的资源，进行产学合作，建立实习实训基地，实践“工学”交替，满足学生的实习实训，同时为学生的就业创造机会。

(4)建立本专业开放仿真实训基地、实训中心,使之具备现场教学、试验实训、职业技能鉴定的功能,实现教学与实训合一、教学与培训合一、教学与技能鉴定合一,满足学生综合职业能力培养的要求。

(五)其他说明

(1)鉴于高职生源的多样性,在实施中要编好班组,宜于取长补短,共同提高。

(2)主讲教师和辅助教师在项目化教学时要适时提供相关资料的索引,让学生自己去查阅,充分调动学生自主学习的积极性,确保按时完成任务。

(3)能力提升过程中要突出规范遵循,力求能力提升过程完整、清晰。

(4)本课程标准主要适用于新疆交通职业技术学院城市轨道交通工程技术专业。

课程21　生　产　实　习

课程名称:生产实习
课程性质:综合实践课程
建议学时:260 学时(10 周)
适用专业:城市轨道交通工程技术

一、前言

(一)课程定位

本课程是高职城市轨道交通工程技术专业的综合实力课程之一,通过生产实习使学生加深对专业理论知识的理解,培养和提高学生实际操作和分析问题、解决问题的能力,使学生综合运用所学理论知识与城市轨道交通工程施工管理实践紧密结合,实现学校与企业、学习与岗位的零距离接触,促使学生树立正确的职业理想,养成良好的职业道德,形成良好的职业习惯,练就过硬的职业技能,提高综合职业素质,成为符合社会需要的高素质技能型专门人才。生产实习,是一次综合性实习,是学生职业能力形成的关键教学环节。

其要以轨道工程测量、公路工程检测技术、工程图绘制与识读、岩土工程基础、城市轨道交通轨道施工技术、城市轨道交通隧道及地下工程施工技术等课程学习为基础,并且是进一步学习城市轨道交通轨道养护与管理后续专业课程的基础。

(二)设计思路

生产实习是指在生产现场以工人、技术员、管理员等身份,直接参与生产过程,使专业知识与生产实践相结合的教学形式。生产实习的目的在于使学生了解生产实际情况,积累经验,掌握生产技术,验证所学理论,并学习一定的操作技术,培养学生的操作技能。

学生到施工现场后,在企业指导教师的直接指导下,跟班顶岗参加施工现场的技术管理工作,学习施工现场的组织和管理知识,参加一系列的施工活动。在实习过程中,学生应做到理论与实践相结合,把已学到的书本知识与工程实际情况相对照,从中发现问题,并且要努力把理论知识运用到实践中去,通过实习增长实际知识和技能,培养调查研究、分析问题、解决问题的能力,以及独立工作与处理问题的能力,培养良好的职业道德素养,逐步建立正确的职业道德观。

二、实训目标

(一)知识目标

(1)掌握道路、桥梁、隧道等结构物的施工工艺及技术。

(2)熟悉施工工地机械设备的使用和维护。

(3)熟悉单位施工组织、施工设备、施工工艺的全过程。

(4)了解企业的运作模式、组织结构和企业文化。

(5)熟悉施工现场各类管理人员办公方式与内容。

(二)能力目标

(1)将专业知识和相关政策法规结合,运用到相应的实践岗位,提高观察问题、发现问题、分析问题、解决问题的能力,提高专业水平。

(2)全面介入施工管理工作,具备从事现场施工技术指导与管理的能力。

(三)素质目标

(1)学生在规范有序的实际工作中养成努力钻研、吃苦耐劳的精神。

(2)养成热情服务、严格监理、秉公办事、一丝不苟的好作风。

三、项目设计理念

本实习设置在学生完成系统的专业能力培养的最后阶段,具体根据学生预就业意向和实际需求,分别安排学生去实习单位进行工程顶岗实习,独当一面,实现"准就业",使学生认真、全面履行其实习岗位职责,完成工作任务,起到锻炼学生工作能力和适应能力的特殊作用。

生产实习是学生修完教学计划规定的全部课程后所进行的最后一项课程学习。学生到顶岗实习单位现场后,在实习单位指导教师的直接指导下,跟班顶岗参加实际工作现场的技术(或组织、管理)工作,学习项目工作现场的技术(或组织、管理)知识,参加一系列的技术(或组织、管理)活动。在实习过程中,学生将理论与实践相结合,把已学到的专业知识与工程实际情况相对照,从中发现问题,并且要努力把理论知识运用到实践中去,通过实习增长实际知识和技能,培养调查研究、分析、解决问题的能力,以及独立工作与处理问题的能力,培养良好的职业道德素养,逐步建立正确的职业道德观。

根据实习教学要求,结合顶岗实习单位实际类别,按照"突出工程施工技术、兼顾工程组织与管理、能力全面锻炼提升"的目标要求,设置专项能力教学项目、综合能力教学项目、拓展能力教学项目,各教学项目根据顶岗实习单位工作内容,设置相应模块,实施时结合学生实际顶岗实习单位具体实习工作内容对应模块开展(具体见生产实习内容与要求部分表3-7),形成现场教学、实践教学、理实一体化教学相结合的综合课程教学模式,强化学生专业技术专项能力,提升学生专业技术综合能力,拓展学生专业素质和职业能力。

在顶岗实习过程中,学校实习指导教师与企业指导教师共同协调配合、分类负责学生的实习管理、任务完成、答疑辅导、实习考核等工作;学生在校企实习指导教师的指导、管理下,完成实习项目、工作任务和能力锻炼,并接受校企实习指导教师分类考核、成绩评定。

四、核心技能描述

通过在实习单位现场顶岗工作、跟班学习、协助工作、参与工作、自学、培训等方式方法,系统学习掌握岗位工作程序、内容、方式、方法并拓展学习相关工作,锻炼学生的实际工作能力、独立或协同完成任务能力、理论结合实际解决问题的能力、环境适应能力、社会交际能力、方法能力、职业岗位能力和综合素质,并结合实习工作反思、整理自身专业知识和能力优势与缺点,提高对职业工作的全面认识,做好就业的心理准备。

(1)具备掌握城市轨道桥梁工程施工工艺、技术要点、组织管理的工程施工专项能力。

(2)具备掌握城市轨道路基工程施工工艺、技术要点、组织管理的工程施工专项能力。

(3)具备掌握城市轨道工程施工工艺、技术要点、组织管理的工程施工专项能力。

(4)具备城市轨道交通养护技术、组织管理方式方法的工程养护拓展能力。

(5)具备独立学习、独立完成工程项目工作任务、获取工程项目新知识(新技术、新工艺、新方法)和可持续发展、创新与创业意识等方法能力。

(6)具备解决轨道工程建设过程中实际问题、评价工作任务完成结果、工程项目系统化思维的职业岗位能力。

(7)具备忠于职守、爱岗敬业,吃苦耐劳、认真负责、团队协作的敬业精神;热爱劳动、遵纪守法、自律谦虚,有良好的职业服务意识、人际交流沟通能力和一线岗位适应能力;有较好的文化修养和健康的心理素质、良好的行为习惯和健康的体魄,学会人际交往、与他人合作、共同生活和工作的社会能力。

五、生产实习内容与要求(表4-7)

六、实施建议

(一)教材选用和编写建议

1. 教材选用

前续所有所学课程教材。

2. 教材编写原则与要求

建议依据课程标准,以充分体现项目课程设计思想,编写符合基于工作过程、融入城市轨道交通工程养护与维修职业标准的工学结合教材。

(1)必须依据本课程标准编写教材,教材应充分体现任务引领、实践导向课程的设计思想。

(2)教材应根据本标准制订的教学目标,按完成工作任务的生产过程,结合职业技能鉴定要求组织教材内容。

(3)要以代表性工程案例制作多媒体教学课件,引入必需的理论知识,增加实际操作内容,强调理论在实践过程中的应用。

(4)教材应图文并茂,提高学生的学习兴趣,加深学生对路基工程实用技术的认识和理解。教材表达必须精炼、准确、科学。

(5)教材内容应体现先进性、通用性、实用性,要将本专业新技术、新工艺、新材料及时地纳入教材,使教材更贴近本专业的发展和实际需要。

(6)教材中的活动设计的内容要具体,并具有可操作性。

3. 教材、教学参考资料使用建议

由于城市轨道交通工程不断地发展,轨道养护与维修标准往往会不断更新,所以在选择参考资料时,应该注意采用新标准的参考资料。

生产实习内容与要求

表 4-7

序号	项　　目	能 力 要 求	工 作 过 程	教学过程设计	参考学时	教 学 资 源
1	项目一 桥梁工程	**知识：** 掌握桥梁工程施工工艺、技术要点、组织管理方式方法 **技能：** 能熟练描述桥梁工程施工工艺、技术、组织管理方式方法并实际应用 **素质：** 培养学生的敬业精神、职业服务意识、人际交流沟通能力和一线岗位适应能力以及独立学习、独立完成任务的方法能力	1. 桥梁工程施工技术交底 2. 桥梁下部结构和上部结构施工方案编制与实施 3. 桥梁下部结构和上部结构施工进度计划安排 4. 施工日志撰写 5. 施工组织设计与实施 6. 施工进度计划调整 7. 施工资料汇总编订	1. 根据实习工作安排和《实习任务书》，在实习指导教师指导下制订《实习计划》并按计划完成顶岗实习工作 2. 过程中整理、总结实习工作和任务完成情况，撰写《实习笔记(周志)》，并按时向实习指导教师汇报、交流、答疑 3. 实习结束前，结合实习工作撰写《实习报告》，实习指导教师鉴定考核、评定成绩，填写《实习考核表》，返校上交实习资料	计划实习期(共10周)	1. 实习协议 2. 实习任务书 3. 学生实习资料(计划、笔记、周志、报告等) 4. 实习考核表
2	项目二 路基工程	**知识：** 掌握路基工程施工工艺、技术要点、组织管理方式方法 **技能：** 能熟练描述桥梁工程施工工艺、技术、组织管理方式方法并实际应用 **素质：** 培养学生的敬业精神、职业服务意识、人际交流沟通能力和一线岗位适应能力以及独立学习、独立完成任务的方法能力	1. 路基工程施工技术交底 2. 路基施工方案编制与实施 3. 路基工程施工进度计划安排 4. 施工日志撰写 5. 施工组织设计与实施 6. 施工进度计划调整 7. 施工资料汇总编订	1. 根据实习工作安排和《实习任务书》，在实习指导教师指导下制订《实习计划》并按计划完成顶岗实习工作 2. 过程中整理、总结实习工作和任务完成情况，撰写《实习笔记(周志)》，并按时向实习指导教师汇报、交流、答疑 3. 实习结束前，结合实习工作撰写《实习报告》，实习指导教师鉴定考核、评定成绩，填写《实习考核表》，返校上交实习资料	计划实习期(共10周)	1. 实习协议 2. 实习任务书 3. 学生实习资料(计划、笔记、周志、报告等) 4. 实习考核表

续上表

序号	项目	能力要求	工作过程	教学过程设计	参考学时	教学资源
3	项目三 轨道工程施工	**知识：** 掌握轨道工程施工工艺、技术要点、组织管理方式方法 **技能：** 能熟练描述轨道工程施工工艺、技术、组织管理方式方法并实际应用 **素质：** 培养学生的敬业精神、职业服务意识、人际交流沟通能力和一线岗位适应能力以及独立学习、独立完成任务的方法能力	1. 轨道工程施工技术交底 2. 轨道施工方案编制与实施 3. 轨道工程施工进度计划安排 4. 施工日志撰写 5. 施工组织设计与实施 6. 施工进度计划调整 7. 施工资料汇总编订	1. 根据实习工作安排和《实习任务书》，在实习指导教师指导下制订《实习计划》并按计划完成顶岗实习工作 2. 过程中整理、总结实习工作和任务完成情况，撰写《实习笔记(周志)》，并按时向实习指导教师汇报、交流、答疑 3. 实习结束前，结合实习工作撰写《实习报告》，实习指导教师鉴定考核、评定成绩，填写《实习考核表》，返校上交实习资料	计划实习期(共10周)	1. 实习协议 2. 实习任务书 3. 学生实习资料(计划、笔记、周志、报告等) 4. 实习考核表
4	项目四 轨道养护	**知识：** 了解铁路工程养护技术、组织管理方式方法 **技能：** 能简要描述铁路工程养护技术、组织管理方式、方法要点并实际应用 **素质：** 培养学生获取工程项目新知识(新技术、新工艺、新方法)和可持续发展、创新与创业意识等方法能力和工程项目系统化思维的职业岗位能力	1. 铁路工程病害认知、调查、分析、评价及处治 2. 桥涵结构质量检测及等级评定 3. 铁路沿线设施调查及评价 4. 轨道数据采集与分析评定 5. 养护需求分析与养护方案制订 6. 养护方案实施及后效观测评价	1. 根据实习工作安排和《实习任务书》，在实习指导教师指导下制订《实习计划》并按计划完成顶岗实习工作 2. 过程中整理、总结实习工作和任务完成情况，撰写《实习笔记(周志)》，并按时向实习指导教师汇报、交流、答疑 3. 实习结束前，结合实习工作撰写《实习报告》，实习指导教师鉴定考核、评定成绩，填写《实习考核表》，返校上交实习资料	计划实习期(共10周)	1. 实习协议 2. 实习任务书 3. 学生实习资料(计划、笔记、周志、报告等) 4. 实习考核表
合计					260	

（二）教学建议

1. 教学条件

（1）软硬件条件。配备有电脑网络多媒体教学系统的教室。

（2）师资条件。组成一支职称结构、学历结构、年龄结构、专兼比例合理的课程教学“双师”结构师资队伍。主讲教师具有硕士以上学历和中级以上职称，能综合实施项目教学法、任务驱动法、引导文法等各种行动导向教学法，能较好地掌握计算机技术、网络技术等新知识新技能，并具有相关职业资格技能证书，动手能力强；带领实习的辅助教师应具有较强的职业技能，具有较丰富的企业一线工作经验，具有高级工以上职业资格证书。

2. 教学方法

贯彻“以学生为中心”的教学理念，实施行动导向教学方法，学生以小组形式，在教师的引导下通过项目的完成，达到专业知识学习和专业技能训练的目的。创造学习环境，创设有利于学生对知识意义构建的教学情境，在教学情境下使学生能够独立思考、共同探索、协作完成，使老师从知识传授者的角色转为学生学习过程的组织者、咨询者和指导者，使教学过程向学生自觉学习过程转化。

（1）在教学过程中，应立足于加强学生综合性专业素质、能力的培养，采用项目导向、任务引导提高学生学习兴趣，激发学生的成就动机。

（2）本课程教学的关键是如何处理好“理论与实践教学一体化”。在教学过程中，教师示范和学生分组讨论、训练互动，学生提问与教师解答、指导有机结合，让学生在“教”与“学”的过程中，掌握轨道的构造、能进行轨道线路检测及养护维修等。

（3）在教学过程中，帮助学生熟悉工地现场的轨道检测、养护、维修的过程及控制要点。

（4）教学过程中教师应积极引导学生提升职业素养，提高职业道德。整个教学过程要求由工程实践经验丰富的“双师型”教师团队组织完成。

（三）教学考核评价建议

（1）改革传统的学业评价手段和方法，采用阶段评价、过程性评价与目标评价相结合，理论与实践一体化的评价模式。

（2）关注评价的多元性，结合课堂提问、学生作业、平时测验、实验实训、技能竞赛及考试情况，综合评价学生成绩。

（3）应注重学生动手能力和实践中分析问题、解决问题能力的考核，对在学习和应用上有创新的学生应予特别鼓励，全面综合评价学生能力。

由注重知识考核，变革为注重能力考核，采用形成性考核评价方法。

（1）企业指导教师按照学生平时考勤、工作业绩和合作能力、纪律性进行打分，满分为100分。

（2）学校指导教师按照平时考勤和实习态度、实习手册、实习单位总评成绩，满分为100分。

（3）校内指导教师最终考核以校外指导教师过程考核为主。

生产实习的成绩按优秀、良好、中等、及格和不及格五级评定，参考标准如下。

1. 优秀（90分以上）

实习态度端正，实习中表现积极，能够按时出勤，遵守实习纪律，在实习过程中善于发现问题并解决问题,表现出一定的独立思考能力,实习过程中表现出较强的集体协作精神和一定的组织能力,实习笔记与总结书写认真工整、内容准确恰当、叙述条理、书面整洁,能够真实反映出实习过程。

2. 良好(85 ~89 分)

实习态度端正,实习中表现较积极,能够按时出勤,遵守实习纪律,实习过程中表现出一定的集体协作精神,实习笔记与总结书写较认真工整、内容比较准确恰当、叙述较为条理、书面整洁,基本能够反映出实习过程。

3. 中等(75 ~84 分)

实习态度端正,能够按时出勤,基本遵守实习纪律,实习笔记与总结书写较认真工整、内容比较准确、叙述较为条理、书面较为整洁,基本能反映出实习过程。

4. 及格(60 ~74 分)

实习态度较为端正,能够按时出勤,基本遵守实习纪律,实习笔记与总结书写完整、内容基本准确,基本能够反映出实习过程。

5. 不及格(60 分以下)

未完成实习任务,或实习笔记与总结质量较差,或实习中有恶劣表现的行为。

(四)课程资源的开发与利用

(1)注重课程资源和现代化教学资源的开发和利用,这些资源有利于创设形象生动的工作情境,激发学生的学习兴趣,促进学生对知识的理解和掌握。同时,建立多媒体课程资源的数据库,努力实现跨学校多媒体资源的共享,以提高课程资源利用效率。

(2)积极开发和利用网络课程资源,充分利用诸如电子书籍、电子期刊、数据库、数字图书馆、教育网站和电子论坛等网上信息资源,使教学从单一媒体向多种媒体转变;教学活动从信息的单向传递向双向交换转变;学生单独学习向合作学习转变。

(3)产学合作开发实验实训课程资源,充分利用本行业典型的生产企业的资源,进行产学合作,建立实习实训基地,实践“工学”交替,满足学生的实习实训,同时为学生的就业创造机会。

(4)建立本专业开放仿真实训基地、实训中心,使之具备现场教学、试验实训、职业技能鉴定的功能,实现教学与实训合一、教学与培训合一、教学与技能鉴定合一,满足学生综合职业能力培养的要求。

(五)其他说明

(1)鉴于高职生源的多样性,在实施中要编好班组,宜于取长补短,共同提高。

(2)主讲教师和辅助教师在项目化教学时要适时提供相关资料的索引,让学生自己去查阅,充分调动学生自主学习的积极性,确保按时完成任务。

(3)实训中要突出规范遵循,力求实训过程完整、清晰。

(4)本课程标准主要适用于新疆交通职业技术学院城市轨道交通工程技术专业。

课程 22　毕业设计及毕业答辩

课程名称：毕业设计及毕业答辩
课程性质：综合实践课
建议学时：104 学时
适用专业：城市轨道交通工程技术

一、前言

（一）课程定位

本课程是高职城市轨道交通工程技术专业的综合实践课程之一，其面向的是城市轨道施工管理岗位，培养施工管理岗位的综合能力。毕业设计及毕业答辩目的是在掌握城市轨道交通道路、桥梁、轨道、隧道及地下工程等施工方面的基本知识以及轨道养护与维修方法，提高学生的综合知识掌握和融合。其目标在于培养学生在城市轨道交通工程施工、养护和维修等职业能力，从事相关城市轨道交通工程施工、养护和维修等工作，培养学生思考、分析、解决、制订处理城市轨道交通工程相关问题的能力，促使学生综合能力的不断提高，达到本专业学生毕业的综合要求。

其要以轨道工程测量、公路工程检测技术、工程图绘制与识读、岩土工程基础等课程学习为基础，它是走上工作岗位的基础。

（二）教学设计思路

本课程的总体设计思路是：紧扣城市轨道交通工程技术专业的人才培养方案，围绕“四个合作”，“以市场需求为导向，以职业能力为核心”，校企合作共同进行课程建设和课程教学。

通过毕业设计，培养学生综合运用所学专业知识，独立思考，培养创新精神及进行一般轨道专业问题处理的能力。

在课程内容设计上，邀请行业企业专家对城市轨道交通工程技术专业的专业背景、专业所涵盖的岗位群进行工作任务和职业能力分析，以及支撑专业核心能力的课程分析，并以此为依据确定本课程的课程内容。根据城市轨道交通工程所涉及的城市轨道交通工程施工、养护和维修等相关知识和技能要求，设计若干个论文课题，再将论文写作过程具体细化，划分为若干个阶段。

设计题目主要根据三个方面进行选题：一是根据学生毕业去向及拟从事专业选题；二是根据专业内容选择（如隧道、轨道养护、桥梁等）；三是结合教师科研课题定设计题目。在课程教学方法和教学手段设计上，以网络或电话教学，并让学生在完成具体论文课题的撰写工作，以此锻炼学生文字处理、资料查询、写作、专业综合的能力。

指导教师根据学生论文的结构合理、内容准确、各阶段要求完成情况、论文完成总体质量、答辩五方面情况给出成绩，分优、良、中、及格、不及格五个等级。

二、课程目标

(一)知识目标

(1)对城轨工程技术建设的各个阶段、环节有比较全面的了解。

(2)熟悉和掌握现行的城轨工程技术建设方针、技术政策、安全规程和技术规范。

(二)技能目标

(1)系统地运用和巩固所学的知识，解决具体工程技术问题的初步能力

(2)提高计算、绘图和编制技术文件的基本技能。

(3)使学生理解和回顾所学的各科知识，培养学生综合运用理论知识和专业技能的能力

(4)学会分析和解决在地铁、轻轨和城际快速轨道工程项目建设生产一线施工、试验检测、监理、养护及管理等的实际问题的能力。

(三)素质目标

(1)培养学生理论联系实际，实事求是的工作作风和严谨的科学态度。

(2)具有科学的世界观、人生观、价值观和爱国主义、集体主义、社会主义思想，具备良好的职业道德和行为规范，成为懂法守法的公民。

(3)具有一定的文化艺术修养，较严谨的逻辑思维能力和准确的语言、文字表达能力。

(4)有良好的心理素质，能够经受挫折，不断进取，具有敬业精神，并在工作中有一定的社交能力和适应环境的能力。

(5)具有全局观念和组织协调能力，并具有一定的质量意识和安全意识。

(6)具有创新和开拓精神，并具备技术知识更新的初步能力和适应岗位需求变化的一般能力。

三、课程内容与要求(表4-8)

四、实施建议

(一)教材选用和编写建议

所有先导课程教材。

论文参考题目:(仅作参考，学生可以自拟题目，尽量从工作实际出发)

(1)综合超前地质预报在导坑位置选定中的应用;

(2)钻孔灌注桩施工质量缺陷及处理方法;

(3)钢筋混凝土中钢筋腐蚀原理的研究;

(4)冲击成孔灌注桩施工质量控制;

(5)线路大修纵断面设计;

(6)隧道内钢轨锈蚀的研究;

(7)隧道病害整治方法探讨;

毕业设计及毕业答辩课程内容与要求

表 4-8

序号	项目	能力要求	工作过程	教学活动设计	参考学时	教学资源
1	项目一 设计/论文的选题	**知识：** 顶岗实习所学知识、理论学习所有知识、其他相关知识 **技能：** 1. 从桥梁工程施工、地下工程施工、轨道工程施工、施工组织设计、桩基检测及施工、施工方案设计、工程监理等所学知识选取知识点的能力 2. 学生从工作实际发现问题和解决问题的能力 **素质：** 培养认真的学习态度和细微观察事物的能力	论文题目的拟定	1. 根据顶岗实习中所做的施工项目自主选择题目 2. 从所学知识中与指导教师共同拟定 3. 根据实际情况自拟论文题目	4	1. 网络资源 2. 课程内容 3. 顶岗实习资源 4. 资源库：铁道和轨道专业资源库
2	项目二 资料收集	**知识：** 相关专业知识获取；收集各方面的文献资料；分析、整理资料，对设计/论文的必要性、可行性、意义和实施方案做出说明 **技能：** 1. 网络查询能力 2. 知识摘抄和总结能力 3. 相关性分析能力 **素质：** 培养认真的学习态度及解决实际问题的能力，培养严谨的工作态度	1. 相关专业知识获取	1. 网络查询 2. 图书馆借阅	4	1. 网络资源 2. 课程内容 3. 顶岗实习资源 4. 铁道和轨道专业资源库
			2. 分析、整理资料	1. 资料分析、筛查 2. 有用资料整理	4	1. 网络资源 2.《资料编制方法》 3. 铁道和轨道专业资源库
			3. 论文可行性分析	1. 论文题目相关性分析 2. 论文前沿性讨论	4	论文撰写要求
			4. 论文实施方案说明	1. 撰写论文实施过程 2. 论文选择说明撰写	4	论文撰写要求、应用文写作要求

续上表

<table>
<tr><th>序号</th><th>项　　目</th><th>能 力 要 求</th><th>工 作 过 程</th><th>教学活动设计</th><th>参考学时</th><th>教 学 资 源</th></tr>
<tr><td rowspan="3">3</td><td rowspan="3">项目三
撰写毕业设计/论文</td><td rowspan="3">知识：
内容纲要、包括设计/论文的目的、总体设计、设计/论文的具体实施；拟定提纲有助于合理安排全文的逻辑结构，构建基本框架
技能：
1. Word 使用能力
2. 文章结构设计能力
3. 内容逻辑排版能力
素质：
培养认真的学习态度及解决实际问题的能力，培养严谨的工作态度</td><td>1. 拟定提纲</td><td>根据选题，拟定设计/论文提纲</td><td>6</td><td rowspan="3">电脑、文字排版规则、应用文写作要求</td></tr>
<tr><td>2. 设计/论文初稿</td><td>撰写论文并进行提交评阅</td><td>26</td></tr>
<tr><td>3. 设计/论文定稿</td><td>修改论文并进行提交评阅</td><td>10</td></tr>
<tr><td rowspan="3">4</td><td rowspan="3">项目四
内容编排及装订</td><td rowspan="3">知识：
1. Word 排版操作相关知识
2. 封面、目录、封底设计
3. 装订方法知识
技能：
1. Word 排版能力
2. 文章打印能力
3. 装订能力
素质：
培养认真的学习态度及解决实际问题的能力，培养严谨的工作态度</td><td>1. 排版</td><td>按论文格式排版</td><td>10</td><td rowspan="3">1. 电脑
2. 美工设计
3. 铁道和轨道专业资源库</td></tr>
<tr><td>2. 设计封底、封面、目录</td><td>根据个人和导师要求设计封面封底、目录</td><td>4</td></tr>
<tr><td>3. 论文装订</td><td>装订论文</td><td>2</td></tr>
<tr><td>5</td><td>项目五
毕业答辩</td><td>知识：
所有学习过的课程相关知识，顶岗实习知识，论文编写过程中所涉及的知识
技能：
1. 临场应变的能力
2. 举一反三的能力
3. 强化记忆的能力
素质：
培养认真的学习态度及解决实际问题的能力，培养遇事不惊的能力</td><td>毕业答辩</td><td>毕业答辩</td><td>26</td><td>投影仪电脑等设备；所学课程书籍；论文相关资料</td></tr>
<tr><td colspan="5">合计</td><td colspan="2">104</td></tr>
</table>

(8)桥梁支座病害分析；

(9)施工防护安全报警系统；

(10)中间站站场施工过渡方案；

(11)隧道渗漏水的治理；

(12)地铁盾构隧道管片拼装技术；

(13)低应变反射波法在基桩检测中的应用；

(14)中国铁路客运专线的基桩检测；

(15)提高铁路运输质量对线路能力的影响；

(16)盖板箱涵工程设计与施工；

(17)小桥涵水文检算；

(18)直墙式隧道工程设计；

(19)隧道衬砌计算；

(20)桥梁施工测量；

(21)浅基桥墩的加固技术；

(22)明桥面更换施工新技术；

(23)提速道岔病害产生原因调查与研究；

(24)某工程人工挖孔桩成孔护壁过程的质量控制；

(25)某客运专线道岔设计与应用；

(26)高边坡路堑控制爆破施工实践。

(二)教学建议

1. 教学条件

(1)软硬件条件。配备有电脑网络多媒体教学系统的教室。

(2)师资条件。组成一支职称结构、学历结构、年龄结构、专兼比例合理的课程教学“双师”结构师资队伍。主讲教师具有硕士以上学历和中级以上职称，能综合实施项目教学法、任务驱动法、引导文法等各种行动导向教学法，能较好地掌握计算机技术、网络技术等新知识新技能，并具有相关职业资格技能证书，动手能力强，并能有效指导学生进行论文的撰写工作。

2. 教学方法

采用网络教学和电话教学，进行阶段性的成果检查，并做好记录。最后进行一周的答辩。

(三)教学考核评价建议

根据学生的毕业论文和毕业答辩情况，按照下列标准评定学生的毕业论文成绩，采用优秀、良好、中、及格和不及格五级制。

1. 优秀

按期圆满完成毕业论文指导书规定的任务；能熟练地综合运用所学理论知识和专业知识；题目有创新、有理论价值和现实的指导意义。论文论点突出，结构紧凑，布局合理，有理有据，有自己的独到见解，水平较高。论文答辩时，思路清晰，论点正确，回答问题有理论根据，基本概念清楚，对主要问题回答正确、深入。

2. 良

按期圆满完成毕业论文指导书规定的任务，能较好地运用所学的理论知识和专业知识，题目有所创新,论文能突出论点,结构比较紧凑,布局也比较合理,有理有据,有一定的独到见解,答辩时思路清晰、论点基本正确,能正确地回答主要问题。

3. 中

按期圆满完成毕业论文指导书规定的任务;在运用所学的理论知识和专业知识上基本正确,论文基本通顺,但文章结构松散,论点也不突出,论述有个别错误(或表达不清楚),书写不够工整。答辩时,对主要问题的回答基本正确,但分析不够深入。

4. 及格

在指导教师指导帮助下,能按期完成任务,独立工作能力较差且有一些小的疏忽和遗漏,在运用理论知识和专业知识中,没有大的原则性错误;论点论据基本成立,但文章结构比较乱,论点含混不清。论文达到了基本要求,但叙述不够恰当和清晰。工作不够认真,有个别明显错误。答辩时,主要问题能答出,或经启发后才能答出,回答问题较肤浅。

5. 不及格

未按期完成任务书规定的任务,或基本概念和基本技能未掌握,在运用理论知识和专业知识中出现不应有的原则错误,论点论据不成立,文章条理不清,书写潦草,质量很差或有原则性错误。答辩时,阐述不清,主要内容、基本概念含糊,对主要问题回答有错误,或回答不出。毕业论文过程中有相互抄袭或网上抄袭行为。

(四)课程资源的开发与利用

(1)注重课程资源和现代化教学资源的开发和利用,这些资源有利于创设形象生动的工作情境,激发学生的学习兴趣,促进学生对知识的理解和掌握。同时,建立多媒体课程资源的数据库,努力实现跨学校多媒体资源的共享,以提高课程资源利用效率。

(2)积极开发和利用网络课程资源,充分利用诸如电子书籍、电子期刊、数据库、数字图书馆、教育网站和电子论坛等网上信息资源,使教学从单一媒体向多种媒体转变;教学活动从信息的单向传递向双向交换转变;学生单独学习向合作学习转变。

(3)产学合作开发实验实训课程资源,充分利用本行业典型的生产企业的资源,进行产学合作,建立实习实训基地,实践"工学"交替,满足学生的实习实训需要,同时为学生的就业创造机会。

(4)建立本专业开放仿真实训基地、实训中心,使之具备现场教学、试验实训、职业技能鉴定的功能,实现教学与实训合一、教学与培训合一、教学与技能鉴定合一,满足学生综合职业能力培养的要求。

(五)其他说明

(1)鉴于高职生源的多样性,实习地点的不确定性,在实施中要做好跟踪指导工作。

(2)主讲教师和兼职教师在论文撰写过程中要适时提供相关资料的索引,让学生自己去查阅,充分调动学生自主学习的积极性,确保按时完成任务。

(3)毕业设计(论文)的撰写、毕业设计说明书(毕业论文)要求内容明确、层次分明、文句通顺、图表清晰、齐全,设计说明书一律用A4纸按规定格式编写打印。

(4)本课程标准主要适用于新疆交通职业技术学院城市轨道交通工程技术专业。

课程23 顶 岗 实 习

课程名称:顶岗实习
课程类型:综合实践课
建议学时:364学时(14周)
适用专业:城市轨道交通工程技术

一、前言

(一)课程定位

顶岗实习是城市轨道交通工程技术专业人才培养方案中一个重要的实践性教学环节,是培养高技能人才的重要途径。通过顶岗实习使学生加深对专业理论知识的理解,培养和提高学生实际操作和分析问题、解决问题的能力,使学生综合运用所学理论知识与城市轨道交通工程施工管理实践紧密结合,可以实现学校与企业、学习与岗位的零距离接触,促使学生树立正确的职业理想,养成良好的职业道德,形成良好的职业习惯,练就过硬的职业技能,提高综合职业素质,成为符合社会需要的高素质技能型专门人才。本环节是一次综合性实习,是学生职业能力形成的关键教学环节。

(二)设计思路

顶岗实习是修完教学计划规定的全部理论课程后进行的施工管理或生产实习。学生到施工现场后,在企业指导教师的直接指导下,跟班顶岗参加施工现场的技术管理工作,学习施工现场的组织和管理知识,参加一系列的施工活动。在实习过程中,学生应做到理论与实践相结合,把已学到的书本知识与工程实际情况对照,从中发现问题,并且要努力把理论知识运用到实践中去,通过实习增长实际知识和技能,培养调查研究、分析、解决问题的能力,以及独立工作与处理问题的能力,培养良好的职业道德素养,逐步建立正确的职业道德观。

二、实训目标

(一)知识目标

(1)掌握道路、桥梁、隧道等结构物的施工工艺及技术。
(2)熟悉施工工地机械设备的使用和维护。
(3)熟悉单位施工组织、施工设备、施工工艺的全过程。
(4)了解企业的运作模式、组织结构和企业文化。
(5)熟悉施工现场各类管理人员办公方式与内容。

（二）能力目标

（1）将专业知识和相关政策法规结合，运用到相应的实践岗位，提高观察问题、发现问题、分析问题、解决问题的能力，提高专业水平。

（2）全面介入施工管理工作，具备从事现场施工技术指导与管理的能力。

（三）素质目标

（1）学生在规范有序的实际工作中养成努力钻研、吃苦耐劳的精神。

（2）养成热情服务，严格监理，秉公办事，一丝不苟的好作风。

三、项目设计理念

本实习设置在学生完成系统的专业能力培养的最后阶段，具体根据学生预就业意向和实际需求，分别安排学生去实习单位进行工程顶岗实习，独当一面，实现"准就业"，使学生认真、全面履行其实习岗位职责，完成工作任务，起到锻炼学生工作能力和适应能力的特殊作用。

顶岗实习是学生修完教学计划规定的全部课程后所进行的最后一项课程学习。学生到顶岗实习单位现场后，在实习单位指导教师的直接指导下，跟班顶岗参加实际工作现场的技术（或组织、管理）工作，学习项目工作现场的技术（或组织、管理）知识，参加一系列的技术（或组织、管理）活动。在实习过程中，学生将理论与实践相结合，把已学到的专业知识与工程实际情况对照，从中发现问题，并且要努力把理论知识运用到实践中去，通过实习增长实际知识和技能，培养调查研究、分析、解决问题的能力，以及独立工作与处理问题的能力，培养良好的职业道德素养，逐步建立正确的职业道德观。

根据实习教学要求，结合顶岗实习单位实际类别，按照"突出工程施工技术、兼顾工程组织与管理、能力全面锻炼提升"的目标要求，设置专项能力教学项目、综合能力教学项目、拓展能力教学项目，各教学项目根据顶岗实习单位工作内容，设置相应模块，实施时结合学生实际顶岗实习单位具体实习工作内容对应模块开展（具体见顶岗实习内容与要求中表3-9），形成现场教学、实践教学、理实一体化教学相结合的综合课程教学模式，强化学生专业技术专项能力，提升学生专业技术综合能力，拓展学生专业素质和职业能力。

在顶岗实习过程中，学校实习指导教师与企业指导教师共同协调配合、分类负责学生的实习管理、任务完成、答疑辅导、实习考核等工作；学生在校企实习指导教师的指导、管理下，完成实习项目、工作任务和能力锻炼，并接受校企实习指导教师分类考核、成绩评定。

四、核心技能描述

通过在实习单位现场顶岗工作、跟班学习、协助工作、参与工作、自学、培训等方式方法，系统学习掌握岗位工作程序、内容、方式、方法并拓展学习相关工作，锻炼学生的实际工作能力、独立或协同完成任务能力、理论结合实际解决问题的能力、环境适应能力、社会交际能力、方法能力、职业岗位能力和综合素质，并结合实习工作反思、整理自身专业知识和能力优势与缺点，提高对职业工作的全面认识，做好就业的心理准备。

（1）具备掌握城市轨道桥梁工程施工工艺、技术要点、组织管理的工程施工专项能力。

（2）具备掌握城市轨道路基工程施工工艺、技术要点、组织管理的工程施工专项能力。

（3）具备掌握城市轨道工程施工工艺、技术要点、组织管理的工程施工专项能力。

(4)具备城市轨道交通养护技术、组织管理方式、方法的工程养护拓展能力。

(5)具备独立学习、独立完成工程项目工作任务、获取工程项目新知识(新技术、新工艺、新方法)和可持续发展、创新与创业意识等方法能力。

(6)具备解决轨道工程建设过程中实际问题、评价工作任务完成结果、工程项目系统化思维的职业岗位能力。

(7)具备忠于职守、爱岗敬业,吃苦耐劳、认真负责、团队协作的敬业精神;热爱劳动、遵纪守法、自律谦虚,有良好的职业服务意识、人际交流沟通能力和一线岗位适应能力;有较好的文化修养和健康的心理素质、良好的行为习惯和健康的体魄,学会人际交往、与他人合作、共同生活和工作的社会能力。

五、顶岗实习内容与要求(表4-9)

六、其他说明

(1)实习组织方式:根据学生专业方向和实习单位实际需求,以学校联系为主,个人联系实习单位为辅。由于实习学生非常分散,工程处于不同的阶段;学生承担的岗位多样性和工作内容的不确定性。学生需根据工程顶岗实习安排和《实习任务书》,在实习指导教师帮助下,制订《实习计划》。在此过程中加强学生和教师的互动。学生主动接受企业实习指导教师和校内指导教师的指导。

(2)实习单位确定:实习单位原则上要求为与本专业相关的路桥施工企业、市政工程施工企业、路桥设计单位、监理公司、工程咨询部门以及质量监督和质量检测部门等。

(3)实习过程安排。

①做出学生顶岗实习安排,明确实习地点、内容、指导教师、时间等。

②校内实习指导教师负责实习主要工作,制订《实习任务书》并下发,聘用实习单位技术人员担任校外实习指导教师,全程负责并监督学生的现场实习、安全生产等情况。

③召开《顶岗实习》动员大会,明确实习任务及实习要求。

④办理学生实习相关手续,发放有关资料。

⑤学生到实习单位报到,开始进行实习,并将《学生顶岗实习登记表》以电子版形式发给校内实习指导教师。

⑥根据《实习任务书》,学生结合实习岗位工作,在指导教师的指导下,制订适合自己的《顶岗实习计划书》,经指导老师审核确认后实施。

⑦学生根据实习情况,撰写实习笔记,填写《实习周志》,并随时与指导教师汇报、交流、答疑。

⑧实习结束前(第13周)学生开始整理、总结实习工作,撰写《顶岗实习报告》,经指导教师审核后给校内指导老师发回电子版。

⑨校内、校外实习指导教师对学生实习情况进行分项评价,给定考核成绩,填写《顶岗实习考核表》。

⑩学生返回学校,整理、汇总、上交资料。

(4)实习过程管理。

①指导教师自学生实习之日起应与学生建立沟通渠道,并经常对学生实习进行指导和检查,不定期进入施工现场进行指导和检查。

顶岗实习内容与要求

表 4-9

序号	项目	能力要求	工作过程	教学过程设计	参考学时	教学资源
1	项目一 桥梁工程	**知识：** 掌握桥梁工程施工工艺、技术要点、组织管理方式方法 **技能：** 能熟练描述桥梁工程施工工艺、技术、组织管理方式方法并实际应用 **素质：** 培养学生的敬业精神、职业服务意识、人际交流沟通能力和一线岗位适应能力以及独立学习、独立完成任务的方法能力	1. 桥梁工程施工技术交底 2. 桥梁下部结构和上部结构施工方案编制与实施 3. 桥梁下部结构和上部结构施工进度计划安排 4. 施工日志撰写 5. 施工组织设计与实施 6. 施工进度计划调整 7. 施工资料汇总编订	1. 根据实习工作安排和《实习任务书》，在实习指导教师指导下制订《实习计划》并按计划完成顶岗实习工作 2. 过程中整理、总结实习工作和任务完成情况，撰写《实习笔记(周志)》，并按时向实习指导教师汇报、交流、答疑 3. 实习结束前，结合实习工作撰写《实习报告》，实习指导教师鉴定考核、评定成绩，填写《实习考核表》；返校上交实习资料	计划实习期(共14周)	1. 实习协议 2. 实习任务书 3. 学生实习资料（计划、笔记、周志、报告等） 4. 实习考核表
2	项目二 路基工程	**知识：** 掌握路基工程施工工艺、技术要点、组织管理方式方法 **技能：** 能熟练描述桥梁工程施工工艺、技术、组织管理方式方法并实际应用 **素质：** 培养学生的敬业精神、职业服务意识、人际交流沟通能力和一线岗位适应能力以及独立学习、独立完成任务的方法能力	1. 路基工程施工技术交底 2. 路基施工方案编制与实施 3. 路基工程施工进度计划安排 4. 施工日志撰写 5. 施工组织设计与实施 6. 施工进度计划调整 7. 施工资料汇总编订	1. 根据实习工作安排和《实习任务书》，在实习指导教师指导下制订《实习计划》并按计划完成顶岗实习工作 2. 过程中整理、总结实习工作和任务完成情况，撰写《实习笔记(周志)》，并按时向实习指导教师汇报、交流、答疑 3. 实习结束前，结合实习工作撰写《实习报告》，实习指导教师鉴定考核、评定成绩，填写《实习考核表》；返校上交实习资料	计划实习期(共14周)	1. 实习协议 2. 实习任务书 3. 学生实习资料（计划、笔记、周志、报告等） 4. 实习考核表

续上表

序号	项　目	能力要求	工作过程	教学过程设计	参考学时	教学资源
3	项目三 轨道工程施工	**知识：** 掌握轨道工程施工工艺、技术要点、组织管理方式方法 **技能：** 能熟练描述轨道工程施工工艺、技术、组织管理方式方法并实际应用 **素质：** 培养学生的敬业精神、职业服务意识、人际交流沟通能力和一线岗位适应能力以及独立学习、独立完成任务的方法能力	1. 轨道工程施工技术交底 2. 轨道施工方案编制与实施 3. 轨道工程施工进度计划安排 4. 施工日志撰写 5. 施工组织设计与实施 6. 施工进度计划调整 7. 施工资料汇总编订	1. 根据实习工作安排和《实习任务书》，在实习指导教师指导下制定《实习计划》并按计划完成顶岗实习工作 2. 过程中整理、总结实习工作和任务完成情况，撰写《实习笔记(周志)》，并按时向实习指导教师汇报、交流、答疑 3. 实习结束前，结合实习工作撰写《实习报告》，实习指导教师鉴定考核、评定成绩，填写《实习考核表》，返校上交实习资料	计划实习期(共14周)	1. 实习协议 2. 实习任务书 3. 学生实习资料(计划、笔记、周志、报告等) 4. 实习考核表
4	项目四 轨道养护	**知识：** 了解铁路工程养护技术、组织管理方式方法 **技能：** 能简要描述铁路工程养护技术、组织管理方式方法要点并实际应用 **素质：** 培养学生获取工程项目新知识(新技术、新工艺、新方法)和可持续发展、创新与创业意识等方法能力以及工程项目系统化思维的职业岗位能力	1. 铁路工程病害认知、调查、分析、评价及处治 2. 桥涵结构质量检测及等级评定 3. 铁路沿线设施调查及评价 4. 轨道数据采集与分析评订 5. 养护需求分析与养护方案制定 6. 养护方案实施及后效观测评价	1. 根据实习工作安排和《实习任务书》，在实习指导教师指导下制订《实习计划》并按计划完成顶岗实习工作 2. 过程中整理、总结实习工作和任务完成情况，撰写《实习笔记(周志)》，并按时向实习指导教师汇报、交流、答疑 3. 实习结束前，结合实习工作撰写《实习报告》，实习指导教师鉴定考核、评定成绩，填写《实习考核表》；返校上交实习资料	计划实习期(共14周)	1. 实习协议 2. 实习任务书 3. 学生实习资料(计划、笔记、周志、报告等) 4. 实习考核表
合计					364	

②学生在实习过程中随时与指导教师保持沟通、交流、答疑。

③学生根据实习工作，制订个人职业规划（包括3～5年的学习、工作计划，注意软件和硬件的提升），不断学习新知识。全面提升专业能力、方法能力和社会能力，为就业打下坚实的基础。

④学生实习期间，注意收集施工资料，根据施工现场情况，对新工艺、新材料、新方法、新结构或本工程中重要施工工艺等拍摄照片和录像资料。每位同学至少拍摄30张照片和2个录像资料，并发给指导教师。

（5）实习资料要求。

①自我联系单位：《学生顶岗实习单位申请书》。

②集中安排单位：《校企合作顶岗实习协议书》。

③实习开始：《学生顶岗实习登记表》；学生及学生家长应与学校签订《学生顶岗实习协议书》、《学生顶岗实习任务书》。

④实习中：《学生顶岗实习计划》《学生顶岗实习笔记（周志）》《学生顶岗实习报告》《实习单位变更申请单》。

⑤实习后：《学生工程顶岗实习考核表》。

（6）实习笔记（周志）要求。

①实习期间实习笔记要连续记录，每周至少记录一次，每次不少于600字。本周的事本周写好，不得事后补记，更不得抄袭其他同学的日志。

②记录所在工地的工程概况、施工技术、组织管理等方面的情况。

③记录本周实习的内容和所完成的工作、实习工作的操作要领和质量要求、实习后的体会和收获等。

④必要的内容可采用图示，施工质量应对照有关规范，笔记应字迹工整、文字简练、条目分明、图表清楚，不能记成流水账。

⑤笔记中可摘抄现场有关的技术资料，但不得抄袭施工技术人员的施工日志。

⑥笔记要求按照规定格式手写，不得打印，更不能用施工日志代替。

（7）《学生顶岗实习报告》要求。

①实习项目的概况：工程实体建筑、结构特点的分析，建设地点的特征、施工条件；实习项目的管理体系：项目经理部的组成、项目经理部管理体系，各岗位的责任制（工作内容）、知识、能力要求、工作环境。（可以收集、利用项目上的一些原始资料，简要叙述）

②对实习中劳动态度、遵守纪律、安全生产等方面进行评价总结。（可简要叙述）

③全面反映生产实习的全过程，对实习期间所承担的工作任务、完成任务情况进行总结。（可简要叙述）

④反映实习的体会和收获，对生产实习中发现的问题的思考与处理等。（重点叙述，本部分内容不少于3000字）

⑤独立完成生产实习报告，要全面详细、书写工整、文理通顺。实习报告要求5000字以上。

（8）学生实习要求。

①工作安排。按照《顶岗实习计划》、工作任务和岗位特点，安排好自己的学习、工作和生活，发扬艰苦朴素的工作作风和谦虚好学的精神，培养独立工作能力，努力提高自己的业务技能，按时按质完成实习单位的各项工作任务和实习任务，认真撰写《顶岗实习笔记（周志）》和

《实习报告》。

②沟通要求。学生要经常与学院指导教师联系,学院指导教师对学生的考核占实习成绩的60%。学生要保证提供的联系方式正确有效。

③安全要求。实习期间,应始终把实习安全摆在第一位,在进入实习工地前,必须接受安全教育。实习过程应树立自我保护意识和安全防范意识,自觉遵守操作规程,确保实习期间不发生人身事故、设备事故。

④实习纪律如下

a.学生应服从学院顶岗实习的规定和安排,自觉接受指导教师的管理,不做损人利己、有损企业形象和学院声誉的事情,树立学院和单位良好的形象。

b.严格遵守实习单位的规章制度,服从实习单位对实习工作的安排和管理。

c.学生在实习过程中不得随意请假,若确需请假,必须经实习单位和指导教师同意后,按有关请假手续办理。

d.实习过程中无论发生什么问题或事故,都必须及时报告指导教师,不得自行处理。

e.应注意保护好自己的劳动工具、生活用品,做好防火、防毒等安全工作。

f.增强法律意识,自觉遵守国家法律法规,不得参与任何违法乱纪的活动。

(9)成绩考核与评定。

①顶岗实习成绩根据平时考勤、实习成果质量按五级记分评定方法评定。平时考查主要检查学生的出勤情况、学习态度、是否独立完成实习成果等几方面。实习成果着重检查成果完整性和正确性。成绩的评定要按课程的目的要求,突出学生独立解决工程实际问题的能力和创新性的评定。

②顶岗实习成绩由学院和实习单位指导教师共同进行分项考核,双方分别填写《学生顶岗实习考核表》。

③顶岗实习成绩评定分两部分:一是实习单位指导教师对学生的考核(占50%),二是学院实习指导教师对学生的考核(占50%)。

④顶岗实习成绩评定采用五级记分制,分优秀、良好、一般、合格和不合格五个等级。

⑤顶岗实习结束前,学生须按要求准备好所有须上交的资料,资料不全者,不予评定成绩。

⑥顶岗实习成绩不合格的学生必须随下一届学生重新参加顶岗实习,直至实习成绩合格,方可毕业,取得毕业证书。